化　学

（供五年制高职使用）

赵峥嵘　段晓琴　主编

化学工业出版社

·北京·

本书主要包括无机化学和有机化学的基本理论、基础知识和基本操作技能。各部分之间相互渗透、有机联系。无机部分主要内容有卤素和碱金属、物质结构和元素周期律、溶液、重要元素及其化合物；有机部分主要包括烃、烃的衍生物、糖类、油脂和蛋白质等。根据理论内容，设计了12个实验，以便学生理解知识的同时提高操作技能。

本书可作为五年制高职学生的化学教材，也可作为相关专业人员的参考用书。

图书在版编目（CIP）数据

化学/赵峥嵘，段晓琴主编. —北京：化学工业出版社，2015.11（2022.9重印）
供五年制高职使用
ISBN 978-7-122-25239-5

Ⅰ.①化… Ⅱ.①赵…②段… Ⅲ.①化学-高等职业教育-教材 Ⅳ.①O6

中国版本图书馆 CIP 数据核字（2015）第 226231 号

责任编辑：迟　蕾　李植峰　　　文字编辑：杨欣欣
责任校对：边　涛　　　装帧设计：史利平

出版发行：化学工业出版社（北京市东城区青年湖南街 13 号　邮政编码 100011）
印　　装：北京七彩京通数码快印有限公司
850mm×1168mm　1/32　印张 9½　彩插 1　字数 116 千字
2022 年 9 月北京第 1 版第 5 次印刷

购书咨询：010-64518888
售后服务：010-64518899
网　　址：http://www.cip.com.cn
凡购买本书，如有缺损质量问题，本社销售中心负责调换。

定　　价：24.00 元

为了适应教育部《中等职业学校化学教学大纲（试行）》(2000) 的需要，我们在充分听取来自一线教师的意见和建议的基础上，组织人员编写了本教材。教材主要突出实用性和实践性，着力于学生综合素质的形成，培养学生的科学思维方法和创新能力，认真贯彻“必需、够用为度”的原则，以利于学生的后续课程的学习，并为持续教育打下较扎实的基础。

本书主要包括无机化学和有机化学的基本理论、基础知识和基本操作技能。各部分之间相互渗透、有机联系。无机部分主要内容有卤素和碱金属、物质结构和元素周期律、溶液、重要元素及其化合物；有机部分主要包括烃、烃的衍生物、糖类、油脂和蛋白质等。本书旨在通过本门课程的学习，使学生在初中化学的基础上，进一步学习化学的基础知识、基本理论和基本实验技能，提高学生的科学文化素养，为培养职业能力和适应继续学习的需要奠定必要的基础。

本教材在保持各中等职业教育化学教材基本框架和教材特色的基础上，对教材的编写体例和表现形式等方面进行了适当调整。在编写上，每节内容均列有学习目标、阅读、练习题等栏目，以激发学生学习的兴趣，启发学生积极思考，从而让学生熟悉化学知识在人们生产生活中的广泛应用；在表现形式上，设计了若干表格和插图，力求图文并茂，做到科学性、新颖性和趣味性相结合。此外，在文字表述上，尽量做到精练准确、浅显易懂、生动活泼。

本教材由河南农业职业学院赵峥嵘、段晓琴老师担任主编，贾艳丽、孙怡、孔丹老师担任副主编。全书由赵峥嵘老师统稿。

本书在编写过程中得到了河南农业职业学院的大力支持，在此一并表示衷心的感谢。

由于编者水平所限，缺点和不足在所难免，恳请广大师生及读者提出批评、建议和改进意见。

编　者

2015 年 7 月

目录
Contents

绪 论

一、什么是化学

化学主要研究的是分子层次范围内物质的组成、结构、性质和变化的科学。它与人类的生活、社会的发展息息相关。化学是使人类持续生存的关键科学，是自然科学的中心科学。

自从有了人类，化学便与人类结下了不解之缘。钻木取火、用火烧煮食物、烧制陶器、冶炼等都属于物质间的化学变化。

二、化学在社会发展中的地位及作用

化学与人类的生活息息相关，因为人们的衣、食、住、行、美、健等都与化学紧密相连。

① 衣：人们穿的衣服是由色彩鲜艳的衣料做成的。它包含了许多的化学物质，如各种化学染料、各种合成纤维。化学物质的使用，改善了衣料的外观和性能，使人们

的穿着更加美丽，对生活充满信心。

② 食：饮食是人类生存的决定因素之一。在人们的食物中，调味品是必不可少的，如味精、甜味剂，另外还需要食品保鲜剂等，这些都是由各种化学反应所生产的化工产品，所以说人们的饮食离不开化学。

③ 住：居住是人类生存的基本条件之一。各种建筑装潢材料无一不是化工产品，如钢材、水泥、油漆、玻璃、塑料板材等。正是有了这些材料，才使我们能够居住在温暖舒适的房间里。

④ 行：用以代步的各种交通工具，如汽车、轮船、飞机、自行车等，都是由化工产品构成的。车体是由钢材构成的，轮胎是由橡胶制作的，汽油、柴油、润滑剂、防冻剂等都是从石油中提炼的。

⑤ 美：各种洗涤化装用品，如洗涤剂、肥皂、去污剂、美容霜、香水等，都是化工产品。

⑥ 健：用以保证人们健康、抵御疾病的各种药物，大部分是经过化学合成生产出来的化学药品。

以上各因素表明：我们生活在化学的世界里，人的生活离不开化学，它与人的生活息息相关。

三、与初中化学的区别

本课程旨在引导学生在初中化学基础上对化学知识进

行更深入的学习，具有理论化、抽象化、概念化、定量化等特点。初中化学课授课内容少、练习多、保证听懂，学习有老师安排，家长督促；现在的课程授课内容多、练习少，须课后认真看书，做习题完全靠自觉，老师课后辅导时间较少，有问题要靠自己多动脑筋，多与同学讨论。

化学课就像是一辆“旅行巴士”，带着同学们在化学的版图中沿途领略化学中最具代表性的区域，并且在具有重要意义的地方停靠作重点访问。

四、对学生的要求

我国著名科学家戴安邦教授指出：化学教育既要传授化学知识与技能，又要训练科学方法和思维，还要培养科学精神和品德。

针对本门课程学习特点，提出如下要求：

① 解决学习动机问题：学习知识、掌握本领、提高素质（身体素质、心理素质、文化素质等）。

② 培养学习兴趣：态度决定一切，“快乐学习、享受学习、创新学习”，变被动学习为主动学习。

③ 改进方法：课堂上认真听讲，做好笔记，跟上教师讲授思路，弄不懂的问题暂且放下，待以后解决，不然由于讲授速度快，容易积累更多的疑难问题。课后要认真复习、巩固，多做练习，弄懂课堂遗留的问题。

④ 有效管理个人时间，提高学习效率。

⑤ 认真准备考试。

在学习的过程中，应充分注意运用上述方法，通过自己的刻苦努力，学好化学这门课。

第一章 卤素和碱金属

在初中化学里，我们已经知道氟原子和氯原子的最外电子层上都有 7 个电子。在已发现的 100 多种元素里，还有溴、碘、砹三种元素的最外层也都有 7 个电子。氟（F）、氯（Cl）、溴（Br）、碘（I）和砹（At）具有相似的化学性质，成为一族，称为卤族元素，简称卤素。

碱金属元素包括锂（Li）、钠（Na）、钾（K）、铷（Rb）、铯（Cs）、钫（Fr）六种元素，是典型的活泼金属。

本章我们就重点认识一下这两类重要元素。

第一节 卤 素

学习目标

1. 掌握氯气的性质，了解氯气的用途。

2. 了解卤族元素性质的递变规律，掌握卤离子的检验方法。

卤族元素包括氟（F）、氯（Cl）、溴（Br）、碘（I）、砹（At）等元素，简称卤素。它们在自然界都以典型的盐类存在，是成盐元素。卤族元素的单质都是双原子分子，氯气是其中的代表性物质，用途非常广泛。卤素中的砹是人工合成的放射性元素，在自然界里含量很少，在此不予讨论。

一、氯气

氯元素在自然界以化合态存在。最主要的有氯化钠（NaCl）、氯化镁（$MgCl_2$）、氯化钾（KCl）、氯化钙（$CaCl_2$）等。海水中约含有3%的盐分，它们是取之不尽的氯的源泉。氯对生命也有着重要意义：人的血液中含氯（Cl^-）约0.25%，胃液中含盐酸（HCl）约0.5%（质量分数）。

1. 氯气的物理性质

常温下，氯气是有强烈刺激性气味的黄绿色气体。氯气有毒。人吸入少量氯气会使鼻和喉头黏膜受到强烈的刺激，引起胸部疼痛和咳嗽；吸入大量氯气会中毒致死。若发生氯气中毒，应立即离开现场，到室外呼吸新鲜空气。

氯气能溶于水，常温下1体积水能溶解2体积的氯气。氯气比空气密度大1.5倍，易液化，常压下冷却至−34.6℃会变为黄绿色油状液体，工业上称为“液氯”，通常贮存于钢瓶中。

2. 氯气的化学性质

(1) 氯气与金属的反应

氯气易与金属直接化合，当加热时，很多金属还能在氯气中燃烧。

图 1-1　钠在氯气中燃烧图

【实验 1-1】 取黄豆粒大的一块钠，用滤纸擦去表面的煤油，放在铺上石棉或细砂的燃烧匙里加热，等钠刚开始燃烧，就立刻连匙带钠伸入装有氯气的集气瓶里（见图 1-1），观察发生的现象。

实验结果表明，钠在氯气中能剧烈燃烧，生成白色的氯化钠晶体。

$$2Na+Cl_2 \xlongequal{点燃} 2NaCl$$

氯气不但能与钠等活泼金属反应，而且还能与铜等不活泼金属反应。

$$Cu+Cl_2 \xlongequal{点燃} CuCl_2$$

(2) 氯气与非金属反应

除碳、氮、氧外，氯气还能与多数非金属反应。

氢气在氯气中燃烧，发出苍白色的火焰，同时产生大量的热，燃烧后生成的产物是氯化氢气体。

$$H_2+Cl_2 \xlongequal{点燃} 2HCl$$

氯化氢气体在空气中易与水蒸气结合呈现雾状。氯化氢溶解于水中即得盐酸。

氯气还能与红磷反应，生成三氯化磷和五氯化磷。三氯化磷是无色液体，是重要的化工原料，可用来制造敌敌畏、敌百虫等多种含磷农药。

$$2P + 3Cl_2 \xlongequal{点燃} 2PCl_3\text{（三氯化磷）}$$

$$PCl_3 + Cl_2 \xlongequal{} PCl_5\text{（五氯化磷）}$$

（3）氯气与水的反应

氯气的水溶液叫作氯水，溶解的氯气能够与水缓慢地反应，生成盐酸和次氯酸。

$$Cl_2 + H_2O \xlongequal{} HCl + \underset{次氯酸}{HClO}$$

次氯酸不稳定，在加热或光照射条件下，易分解放出氧气。

$$2HClO \xlongequal{光照} 2HCl + O_2\uparrow$$

次氯酸具有极强的氧化性，能杀死水里的病菌，所以自来水常用氯气（1L 水中大约通入 0.002g 氯气）消毒。次氯酸还能使染料和有机色质褪色，可用作漂白剂。

（4）氯气与碱的反应

氯气与氢氧化钠等碱类反应，生成次氯酸盐和金属氯化物。所以制备氯气时，多余的氯气用碱液吸收。例如，氯气和氢氧化钠的反应：

$$2NaOH + Cl_2 \xlongequal{} NaCl + \underset{\text{次氯酸钠}}{NaClO} + H_2O$$

工业上制取漂白粉也是利用了氯气与碱反应的性质。漂白粉是氯气与消石灰反应制得的次氯酸钙（漂白粉的有效成分）和氯化钙的混合物。

$$2Ca(OH)_2 + 2Cl_2 \xlongequal{} \underset{\text{次氯酸钙}}{Ca(ClO)_2} + CaCl_2 + 2H_2O$$

漂白粉是有刺激性气味的白色粉末，遇水或酸生成次氯酸，因而具有杀菌、漂白作用。漂白粉应放置在干燥密闭容器中，于低温处保存。

3. 氯气的用途

氯气是一种重要的化工原料，用于制造氯乙烯、氯仿、合成橡胶、合成塑料；也用于制造盐酸、漂白剂、杀菌剂；还用于制造农业生产所需要的除草剂，如乐果、敌百虫等农药。氯气还用于自来水消毒杀菌。

4. 氯离子的检验

盐酸和一切可溶性盐酸盐的溶液中，都含有氯离子。

【实验 1-2】 氯离子的检测：取三支试管分别编号，在这三支试管中分别加入 2mL 的盐酸、氯化钠溶液和碳酸钠溶液，然后各加几滴稀硝酸溶液，振荡，观察现象。

可以看到，三支试管里都有白色沉淀生成。化学反应方程式分别为：

$$HCl + AgNO_3(\text{稀}) \xlongequal{} AgCl\downarrow + HNO_3$$

$$NaCl + AgNO_3(稀) = AgCl\downarrow + NaNO_3$$

$$Na_2CO_3 + 2AgNO_3(稀) = Ag_2CO_3\downarrow + 2NaNO_3$$

再继续滴入稀硝酸，则可看到前两支试管中的白色沉淀仍存在，而另一支试管中的白色沉淀遇酸有气泡产生，沉淀逐渐消失。化学反应方程式为：

$$Ag_2CO_3 + 2HNO_3 = 2AgNO_3 + CO_2\uparrow + H_2O$$

实验表明：AgCl既不溶于水又不溶于稀硝酸。

二、卤族元素

1. 卤素的原子结构和单质的物理性质

卤素的原子结构和单质的物理性质见表1-1。

表1-1　卤素的原子结构和单质的物理性质

项目	氟	氯	溴	碘
元素符号	F	Cl	Br	I
核电荷数	9	17	35	53
每层电子数	2,7	2,8,7	2,8,18,7	2,8,18,18,7
原子半径/nm	0.071	0.099	0.114	0.133
单质	F_2	Cl_2	Br_2	I_2
颜色	淡黄绿	黄绿	深棕红	紫黑
状态	气	气	液	固
沸点/℃	−188.1	−34.6	58.78	184.4
熔点/℃	−219.6	−101	−7.2	113.5
密度	1.69g/L	3.214g/L	3.119g/cm^3	4.93g/cm^3
溶解度(溶于100g水)	反应	226cm^3	4.17g	0.029g

由表1-1可以看出，卤族元素最外层电子数都是7，但电子层数不同，它们的原子半径随电子层数的增多而增大。

卤素单质的物理性质有较大的差别。例如，随着核电荷数的增加，常温下，氟、氯是气体，溴是液体，碘是固体；沸点、熔点都逐渐升高；颜色由淡黄绿色到紫黑色，逐渐变深。溴和碘都不易溶于水，但易溶于汽油、苯、四氯化碳、酒精等有机溶剂中。医疗上用的碘酒，就是碘的酒精溶液。

趣味化学　　指纹检验

取一张干净、光滑的白纸条，用手指在纸条上用力摁几个手印。将芝麻粒大的一粒碘，放入试管中。再把白纸条悬于试管中（注意摁有手印的一面不要贴在管壁上），塞上橡胶塞。把装有碘的试管在酒精灯火焰上方微热一下，待产生碘蒸气后立即停止加热，观察纸条上的指纹印迹。

碘分子受热后运动速率加快，分子间距离增大，从而升华碘蒸气。当碘蒸气接触到白纸后，能溶解到手指所留下的油脂等分泌物中，从而形成棕色的指纹印迹。

2. 卤素单质的化学性质比较

由于氟、溴、碘的原子的最外层电子数和氯原子一样，都是 7 个电子，因而它们单质的化学性质跟氯气有很大的相似性。例如，卤素都能与金属起反应生成金属卤化物；都能与氢气、磷等非金属起反应；都能与水反应等。随着电子层数的增多，卤素单质的化学性质也呈规律性变化，具体见表 1-2。

表 1-2　卤素单质的化学性质比较

物质	与 H_2 反应和氢化物的稳定性	与 H_2O 反应	置换反应
F_2	冷暗处就能剧烈化合而爆炸，生成的 HF 很稳定	迅速反应，放出 O_2	能把氯、溴、碘从它们的卤化物中置换出来
Cl_2	强光照射下剧烈化合爆炸，生成的 HCl 较稳定	与水反应，生成 HCl 和 HClO	能把溴、碘从它们的卤化物中置换出来
Br_2	高温下缓慢地化合，生成的 HBr 较不稳定	与水反应，但反应较氯弱	能把碘从其卤化物中置换出来
I_2	持续加热缓慢地化合，生成的 HI 很不稳定，同时发生分解	与水只起微弱的反应	不能把其他卤素从它们的卤化物中置换出来

从表 1-2 中可看出：卤素单质的化学活动性随着核电荷数的增加，按照氟、氯、溴、碘的顺序依次减弱。因此，排在前面的卤素单质能把排在它后面的卤素从其卤化物溶液中置换出来。

【实验 1-3】 将少量新制的饱和氯水分别注入盛有溴化钠溶液和碘化钾溶液的两支试管里，用力振荡后，再注入少量无色汽油，振荡。观察油层和溶液颜色的变化。把少量的溴水注入另一支盛有碘化钾溶液的试管里，用力振荡，再注入少量无色汽油，振荡。观察溶液颜色的变化。

从上述实验可知：将氯水滴入到溴化钠（NaBr）和碘化钾（KI）溶液中，能将溴和碘置换出来。

$$2NaBr + Cl_2 = 2NaCl + Br_2$$

$$2KI + Cl_2 = 2KCl + I_2$$

同理，溴水能从碘化钾（KI）的水溶液中将碘置换出来，反应方程式如下：

$$2KI + Br_2 = 2KBr + I_2$$

3. 卤离子的检验

溴离子、碘离子的检验与氯离子相似，得到的溴化银、碘化银也是两种既不溶于水又不溶于稀硝酸的沉淀。

【实验 1-4】 把少量硝酸银溶液分别滴入盛着溴化钠溶液和碘化钾溶液的两支试管中，观察现象。再向两支试管里各加入少量稀硝酸，观察现象。

实验表明：在盛溴化钠溶液的试管里有浅黄色的溴化银沉淀生成，在盛碘化钾溶液的试管里有黄色的碘化银沉淀生成，生成的溴化银、碘化银沉淀都不溶解于稀硝酸。反应方程式如下：

$$AgNO_3 + NaBr = \underset{\text{浅黄色}}{AgBr\downarrow} + NaNO_3$$

$$AgNO_3 + KI = \underset{\text{黄色}}{AgI\downarrow} + KNO_3$$

阅读

碘与人体健康

碘是人体所必需的微量元素之一，在人体内含量约为2.5mg，其中约50%分布在甲状腺内。

甲状腺是一种内分泌腺，位于喉和气管两侧，由许许多多的囊状小泡组成。这种囊状小泡叫作甲状腺滤泡，内含甲状腺球蛋白（一种含碘蛋白质，呈胶状），被称为人体内的“碘库”。甲状腺具有分泌甲状腺素的功能。一旦人体需要这种激素时，它会很快将合成的甲状腺球蛋白水解成有生物活性的甲状腺素，通过血液循环输送到全身各组织。甲状腺素是含碘氨基酸，具有促进体内各组织的物质和能量代谢、刺激组织生长发育和智力发育、提高神经系统的兴奋性等生理功能。

当人体缺碘时，甲状腺得不到足够的碘，甲状腺素及甲状腺球蛋白的合成将会受到影响，使甲状腺组织产生代偿性增生，腺体出现结节状隆凸，形成甲状腺肿大症，俗称“粗脖子病”。缺碘引起的甲状腺激素不足，会导致体内基础代谢率降低，甲状腺功能减退：成年患者表现为怕冷、便秘、面色蜡黄、毛发脱落、思维迟钝、心率缓慢、情绪失常等；婴幼儿患者表现为发育不全、智力低下、呆小症等。可见，缺碘的危害是十分严重的。

人体对碘的生理需求量为0.1～0.3mg/d。正常情况下，通过日常饮食（天然水、食物）和呼吸空气即可摄入所需的微量碘。但一些地区由于受地理条件等因素限制，水体和土壤中缺碘，农作物含碘量少，造成饮食中缺碘而摄入量不足；有些地区由于受地方性水质、地质因素影响，日常饮食中含有阻碍人体吸收碘的物质，也会造成人体缺碘。因此，尽管人体需碘量并不高，但因缺碘而患病的人却不少，使甲状腺肿成为世界范围常见的地方病。

为了防治甲状腺肿病，世界各国都采取了一些措施。如在缺碘地区供应加碘食盐和高碘食品，井水加碘、服用碘油丸、食用含碘丰富的海产品等。其中以加碘食盐最为方便有效。我国政府规定，全国各地一律食用加碘食盐，对缺碘较重地区和幼儿定期进行碘油丸强化补碘。

值得注意的是，人体摄入碘过多也会患甲状腺肿，叫“高碘甲状腺肿”，这主要是由于患病者长期服用或注射含碘药物，或长期食用高碘食物造成的。故不要认为高碘食品吃得越多越好，更要防止盲目滥用药物。

练习题

一、选择题

1. 下列气体中，有颜色有刺激性气味的是（　　）。

A. O_2　　B. CO_2　　C. H_2　　D. Cl_2

2. 为防止空气污染，制氯气时尾气最好用（　　）吸收。

A. 饱和石灰水　　　　　　　B. 水

C. 稀盐酸溶液　　　　　　　D. 浓烧碱溶液

3. 下列说法正确的是（ ）。

A. 氯离子和氯原子的性质相同

B. 氯离子和氯原子都有毒

C. 氯离子比氯原子多一个电子

D. 氯离子呈黄绿色

4. 下列原子中，原子半径最大的是（ ）。

A. F　　　B. I　　　C. Br　　　D. Cl

5. 下列物质的溶液中，滴加硝酸银溶液有白色沉淀生成的是（ ）。

A. KCl　　　B. KNO_3　　　C. KI　　　D. KBr

二、生活中，氯气常用于自来水的杀菌消毒，请用化学方程式或用简洁的文字解释其中的原因。

第二节 ▶▶ 碱金属

学习目标

1. 掌握钠及其重要化合物的性质。

2. 了解碱金属元素性质的递变规律，掌握钠、钾及其化合物的检验方法。

碱金属元素包括锂（Li）、钠（Na）、钾（K）、铷（Rb）、铯（Cs）、钫（Fr）等元素，由于它们的氢氧化物都是易溶于水的强碱，所以称它们为碱金属。

碱金属元素的原子最外层电子层上都只有1个电子，在化学反应中很容易失去这个电子而变成＋1价的阳离子，因此，碱金属是典型的活泼金属。

一、钠

钠在自然界中以化合态存在于许多无机物中，主要以氯化钠（NaCl）的形式存在。此外，也以碳酸钠（Na_2CO_3）、硫酸钠（Na_2SO_4）、硝酸钠（$NaNO_3$）等形式存在。

1. 钠的物理性质

【实验1-5】 用镊子取一小块金属钠，用滤纸吸干表面的煤油，用刀切去一端的外皮，观察钠的颜色。

金属钠质软，可以用刀切割，切开外皮后，可以看到钠的表面呈银白色的金属光泽。

钠的密度是0.97g/cm^3，比水的密度小，能浮在水面上。钠的熔点98℃，沸点882.9℃，是热和电的良好导体。

2. 钠的化学性质

钠原子最外层电子层上只有1个电子，在化学反应中很容易失去该电子，因此，钠的化学性质非常活泼。

（1）钠与氧气的反应

【实验 1-6】 用小刀切开一小块钠，观察在光亮的断面上所发生的变化；把小块钠放在石棉网上加热，观察现象。

实验表明：钠在常温下能被空气中的氧气氧化。新切开的钠剖面很快失去金属光泽而变暗，生成了氧化钠。

$$4Na+O_2 \xlongequal{} \underset{\text{氧化钠}}{2Na_2O}$$

钠受热以后能够在空气中燃烧，燃烧时火焰呈黄色，生成过氧化钠。

$$2Na+O_2 \xlongequal{\text{点燃}} \underset{\text{过氧化钠}}{Na_2O_2}$$

（2）钠与水的反应

【实验 1-7】 向一个盛有水的烧杯里，滴入几滴酚酞试液。然后把黄豆粒大小的钠投入烧杯里。观察钠跟水起反应的情况和溶液颜色的变化。

钠能与水发生剧烈反应，生成氢氧化钠和氢气，并放出大量的热。

$$2Na+2H_2O \xlongequal{} 2NaOH+H_2\uparrow$$

综上所述，由于钠在空气中不稳定，容易与氧气和水发生反应，因此在实验室通常将它保存在煤油中，以隔绝空气和水。

3. 钠的用途

钠可作为还原剂，用于冶炼金属，也应用在电光源上，高压钠灯发出的黄光射程远，穿透云雾能力强，适合制作公路照明灯，照明度比高压水银灯高几倍。液态钠和钾的合金是原子反应堆的导热剂。钠也是制备过氧化钠、氢氧化钠、氰化钠以及有机合成的原料。

二、钠的重要化合物

1. 氧化钠（Na_2O）和过氧化钠（Na_2O_2）

氧化钠是白色的固体，能与水起剧烈反应，生成氢氧化钠。

$$Na_2O + H_2O \longrightarrow 2NaOH$$

过氧化钠是淡黄色的固体，也能跟水起反应，生成氢氧化钠和氧气。

$$2Na_2O_2 + 2H_2O \longrightarrow 4NaOH + O_2\uparrow$$

过氧化钠在工业上可以用来漂白织物、麦秆、羽毛等；在呼吸面具上和潜水艇里常用作氧气的发生剂。

趣味化学　　吹气生火

早在远古时期，人类就学会了钻木取火，结束了茹毛饮血的生活。火的来源有很多，那大家有没有听说过“吹气生火”呢？下面就让我们来表演一个神奇的小魔术。用脱脂棉包住约 0.2g Na_2O_2粉末，放在蒸发皿中。用嘴通过长的玻璃导管对 Na_2O_2吹气，会观察到棉花立即燃烧。

这是因为过氧化钠与二氧化碳反应后生成氧气，并放出大量热，使脱脂棉燃烧。

2. 氢氧化钠（NaOH）

俗名苛性钠、火碱或烧碱。白色固体，暴露在空气中时易潮解。易溶于水，溶解时放出大量的热。它的浓溶液对皮肤、纸张等有强烈的腐蚀性。

氢氧化钠极易吸收空气中的二氧化碳，生成碳酸钠和水。因此，氢氧化钠要密闭保存。

$$2NaOH + CO_2 = Na_2CO_3 + H_2O$$

氢氧化钠与二氧化硅反应生成硅酸钠和水。硅酸钠的水溶液俗称水玻璃，是一种黏合剂。

$$2NaOH + SiO_2 = Na_2SiO_3 + H_2O$$

由于玻璃的主要成分就是 SiO_2，因此，实验室中盛放氢氧化钠的玻璃瓶，不用玻璃塞而要用橡皮塞，否则长期存放后生成的 Na_2SiO_3 会把玻璃塞与瓶口粘在一起。

氢氧化钠是一种重要的化工原料，主要用于石油、制皂、造纸、纺织、印染等工业。

3. 碳酸钠（Na_2CO_3）和碳酸氢钠（$NaHCO_3$）

碳酸钠俗名纯碱或苏打。含有结晶水的碳酸钠（$Na_2CO_3 \cdot 10H_2O$）为白色晶体。碳酸钠晶体在空气中很容易风化而失去结晶水变为白色粉末，失水以后的碳酸钠叫作无水碳酸钠。

碳酸氢钠俗称小苏打，是细小的白色晶体。碳酸钠比碳酸氢钠更易溶于水，它们的水溶液都呈碱性。

碳酸钠和碳酸氢钠都能与盐酸反应放出二氧化碳。

$$Na_2CO_3 + 2HCl = 2NaCl + H_2O + CO_2\uparrow$$

$$NaHCO_3 + HCl = NaCl + H_2O + CO_2\uparrow$$

碳酸钠很稳定，而碳酸氢钠不稳定，受热易分解。

$$2NaHCO_3 \xlongequal{\triangle} Na_2CO_3 + H_2O + CO_2\uparrow$$

利用这个反应可区别碳酸钠和碳酸氢钠。

碳酸钠用途十分广泛，大量用于玻璃、肥皂、造纸、石油等工业，也可以用来制造其他钠的化合物。在医学上，小苏打常用作抗酸药。在食品工业上，碳酸氢钠是发酵粉的主要成分之一。

三、碱金属元素

1. 物理性质

碱金属的原子结构和物理性质，见表 1-3。

表 1-3　碱金属的原子结构和物理性质

元素名称	元素符号	核电荷数	电子层结构	原子半径/nm	颜色和状态	熔点/℃	沸点/℃	密度/(g/cm³)
锂	Li	3	2,1	0.152	银白色金属,柔软	180.5	1347	0.534
钠	Na	11	2,8,1	0.186	银白色金属,柔软	97.81	882.9	0.97
钾	K	19	2,8,8,1	0.227	银白色金属,柔软	63.65	774	0.86
铷	Rb	37	2,8,18,8,1	0.248	银白色金属,柔软	38.89	688	1.532
铯	Cs	55	2,8,18,18,8,1	0.265	银白色金属(略带金色光泽),柔软	28.40	678.4	1.879

由表 1-3 可以看出：碱金属的原子半径也随着电子层数的增多而增大。除铯略带金色光泽外，其余都呈银白色。碱金属都比较柔软，有延展性，随着核电荷数的增加，熔点、沸点逐渐降低，而密度略有增大。碱金属特别是锂、钠、钾，都是非常重要的轻金属。

2. 化学性质

锂、钠、钾、铷、铯原子的最外层电子层都只有 1 个电子，在化学反应中很容易失去而显＋1 价，所以碱金属元素都是很活泼的金属元素，具有相似的化学性质。它们都能够与大多数的非金属起反应；氧化物的水化物都是强碱；都能与水起反应，生成氢氧化物并放出氢气。

趣味化学　　糖能燃烧吗

糖块能点燃吗？划亮一根火柴，把糖块放在火焰上，可以看到糖开始熔化，却并不燃烧。让我们再试试看，再划一根火柴，把糖块放在火焰上，然后再往糖块上撒一些香烟灰，这时糖块就会像纸一样燃烧起来！为什么糖块上撒一些烟灰就可以燃烧呢？

这是因为在烟草中，含有许多锂的化合物，当烟烧成灰烬后，锂就剩在灰烬中。锂不但化学性质很活泼，还能当催化剂，用来加快一些化学反应的反应速率。

在碱金属元素中，原子的电子层数越多，原子核对最外层电子的吸引力越小，电子就越容易失去。随着原子的电子层数增加，原子的半径增大，碱金属的反应活性增强。

锂在空气中缓慢氧化，燃烧时只能生成氧化锂（Li_2O）；钠、钾在空气中迅速被氧化生成其氧化物，燃烧时生成过氧化物或比过氧化物更复杂的氧化物；铷、铯在空气中便可自燃。

锂在常温下可以置换水中的氢；钠与水的反应剧烈；钾与水的反应更剧烈，常使生成的氢气燃烧，并发生轻微爆炸；铷、铯与水的反应会引起爆炸。

碱金属元素的氢氧化物的水溶液都呈强碱性，并从氢氧化锂到氢氧化铯碱性依次增强。

3. 焰色反应

很多金属及其化合物在被灼烧时，都会使火焰呈现特殊的颜色，这在化学上叫作焰色反应。

【实验 1-8】 把焊在玻璃棒上的铂丝放在酒精灯的外焰上灼烧，至与原来的火焰颜色相同时为止。然后，用铂丝分别蘸取氯化钠溶液、氯化钾溶液放在酒精灯火焰上灼烧，观察火焰的颜色（观察氯化钾溶液灼烧火焰时，透过蓝色钴玻璃观察）。

可以看出，钠的焰色反应呈黄色，钾的焰色反应呈紫色（透过蓝色钴玻璃）。很多金属如钙、锶、钡、铜等及其化合物都能发生焰色反应。一些金属或金属离子焰色反应的颜色见表 1-4。

表 1-4 几种金属或金属离子焰色反应的颜色

金属或金属离子	锂	铷	钙	锶	钡	铜
焰色反应的颜色	紫红色	紫色	砖红色	洋红色	黄绿色	绿色

根据焰色反应所呈现的特殊颜色，可以测定金属或金属离子的存在，还可以制造各种焰火。

阅读

焰色反应

焰色反应，也称作焰色测试及焰色试验，是某些金属或它们的化合物在无色火焰中灼烧时使火焰呈现特征颜色的反应。焰色反应的样本通常是粉干或小块固体的形式。以一条清洁且化学惰性的金属线（例如铂或镍铬合金）承载样品，再放到无光焰（蓝色火焰）中。在化学上，常用来测试某种金属是否存在于化合物中。同时利用焰色反应，人们在烟花中有意识地加入特定金属元素，使焰火更加绚丽多彩。

进行焰色反应应使用铂丝（镍丝）。把嵌在玻璃棒上的铂丝在稀盐酸（这是因为金属氧化物与盐酸反应生成的氯化物在灼烧时易气化而挥发；若用硫酸，由于生成的硫酸盐的沸点很高，少量杂质不易被除去而干扰火焰的颜色）里蘸洗后，放在酒精灯（最好是煤气灯，因为它的火焰颜色浅、温度高，若无的话用酒精喷灯也可以）的火焰上灼烧，直到跟原来的火焰的颜色一样时，再用铂丝蘸被检验溶液，然后放在火焰上，这时就可以看到被检验溶液里所含元素的特征焰色。

练习题

一、填空题

1. 因为钠容易与空气中的______和______反应，所以钠通常要保存在______中。

2. 盛放氢氧化钠的试剂瓶不能用______塞，因为____________________。

3. 碱金属元素的原子最外层电子层上都只有______个电子，容易______电子，形成______。

4. 在碱金属（Li、Na、K、Rb、Cs）元素的单质中，熔点、沸点最高的是______元素，最活泼的是______元素。

二、写出下列反应的化学方程式。

1. 切开的金属钠的表面迅速变暗

2. 钠在空气中燃烧

3. 金属钠投入水中

4. 少量的CO_2通入氢氧化钠溶液中

5. 碳酸钠与盐酸反应

第三节 ▶▶ 氧化还原反应

学习目标

1. 明确氧化反应、还原反应、氧化剂、还原剂等概念。

2. 能判断氧化还原反应。

一、氧化反应和还原反应

在初中化学里，已经学习过氧化反应和还原反应。例如，在氢气与氧化铜的反应中：氧化铜失去氧变成了单质铜，发生了还原反应，铜元素的化合价由＋2价降低到0价；氢气得到氧化铜中的氧变成了水，发生了氧化反应，反应中氢元素的化合价从0升高到＋1价。

$$CuO + H_2 \overset{\triangle}{=\!=\!=} Cu + H_2O$$

这两个截然相反的过程是在一个反应中同时发生的。像这样一种物质被氧化，同时另一种物质被还原的反应叫作氧化还原反应。

是不是只有得氧、失氧的反应才是氧化还原反应？氧化还原反应与元素化合价的升降有什么关系？我们以钠与氯气的反应为例来分析。

$$2Na+Cl_2 \xrightarrow{点燃} 2NaCl$$

在反应中，钠元素的化合价由 0 价升高到＋1 价，氯元素的化合价由 0 价降低到－1 价。虽然化学反应中没有得氧和失氧的过程，但本质上与氢气和氧化铜的反应是相同的，都属于氧化还原反应。其共同的特征是参加反应的物质中的某些元素的化合价发生了改变。其中，一种物质所含元素失去电子，化合价升高，发生氧化反应；另一种物质所含元素得到电子，化合价降低，发生还原反应。因此，我们把有元素化合价升降的化学反应，称为氧化还原反应。凡没有元素化合价升降的反应，就是非氧化还原反应。

二、氧化剂和还原剂

氧化剂和还原剂作为反应物共同参加氧化还原反应。在反应中：得到电子、化合价降低的物质，称为氧化剂，具有氧化性，反应时本身被还原；失去电子、化合价升高的物质，称为还原剂，具有还原性，反应时本身被氧化。即：

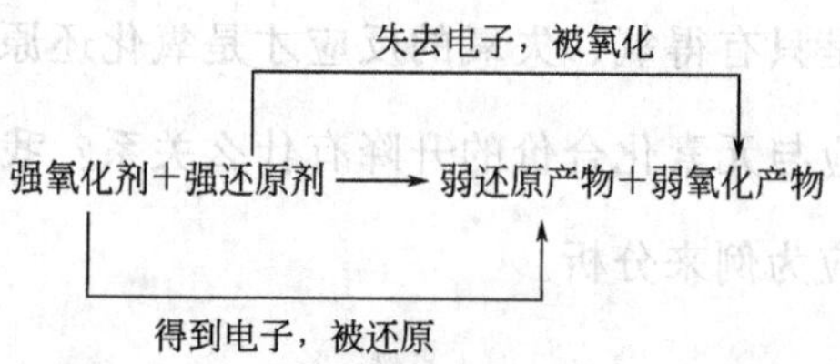

例如，在氢气与氧化铜的反应中，H_2是还原剂，CuO是氧化剂。在金属钠与氯气的反应中，Na是还原剂，Cl_2是氧化剂。

常见的氧化剂有卤素、氧气等活泼的非金属单质，过氧化物（Na_2O_2、H_2O_2等），以及$KMnO_4$、HNO_3、浓H_2SO_4、$KClO_3$、$FeCl_3$等高价化合物。

常见的还原剂有活泼的金属如K、Na、Mg、Al等；低价化合物如H_2S、HI、CO、$FeSO_4$等；一些非金属单质如H_2、C等。具有中间价态的一些化合物如SO_2、$FeSO_4$、H_2SO_3等既可作还原剂也可作氧化剂。

【例题 1-1】 判定 $2KI+Br_2 \xlongequal{} 2KBr+I_2$ 这个反应是否属于氧化还原反应，如果是，请指出氧化剂、还原剂、氧化产物和还原产物分别是什么？

解 根据反应方程式可知：

化合价升高

$$2KI+Br_2 \xlongequal{} 2KBr+I_2$$

化合价降低

答：该反应方程式中KI是还原剂，发生氧化反应，氧化产物是I_2；Br_2是氧化剂，发生还原反应，还原产物是 KBr。

阅读

氧化还原反应的现实意义

在许多领域里都涉及氧化还原反应，认识氧化还原反应的实质与规律，对人类的生产和生活都是有意义的。

生物体内发生的呼吸作用是典型的氧化还原反应。呼吸作用是生物体在细胞内将有机物氧化分解并产生能量的化学过程。呼吸作用通过把贮藏在食物分子内的能量，转变为存在于三磷酸腺苷（ATP）的高能磷酸键中的化学能，这种化学能再为生物体内的各种生命活动提供能量。

在工业生产中所需要的各种各样的金属，很多都是通过氧化还原反应从矿石中提炼而得到的。如生产活泼的有色金属要用电解或置换的方法；生产黑色金属和一些有色金属需用在高温条件下还原的方法；生产贵金属常用湿法还原等。许多重要化工产品的合成，如氨的合成、盐酸的合成、接触法制硫酸、氨氧化法制硝酸、食盐水电解制烧碱等，也都通过氧化还原反应完成。石油化工里的催化去氢、催化加氢、链烃氧化制羧酸等也都是氧化还原反应。

在农业生产中，施入土壤的肥料的变化，如铵态氮转化为硝态氮等，就其实质来说，也是氧化还原反应。土壤里铁或锰的化合价的变化直接影响着作物的营养，晒田和灌田主要就是为了控制土壤里的氧化还原反应的进行。

在能源方面，煤炭、石油、天然气等燃料的燃烧供给着人们生活和生产所必需的大量能量。我们通常应用的干电池、蓄电池以及在空间技术上应用的高能电池都发生着氧化还原反应，否则就不可能把化学能变成电能，把电能变成化学能。

练习题

一、填空题

化学反应中，如果反应前后元素化合价发生变化，这类反应就属于______反应。元素的化合价升高，表明这种物质发生了______反应，这种物质是______剂；元素的化合价降低，发生了______反应，这种物质是______剂。

二、判断下列反应是不是氧化还原反应？如果是，指出什么元素被氧化？什么元素被还原？哪种物质是氧化剂，哪种物质是还原剂？

1. $C + O_2 = CO_2$

2. $Mg + Br_2 = MgBr_2$

3. $Zn + 2HCl = ZnCl_2 + H_2\uparrow$

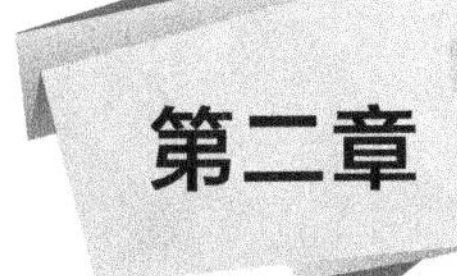

第二章 物质结构和元素周期律

人类要改造世界，必须先认识世界。世界是由物质构成的，物质是由各种化学元素组成的。例如，水由氢、氧两种元素组成；二氧化碳由碳、氧两种元素组成；人体由碳元素、氢元素和氧元素等许多元素组成。通过初中化学的学习，我们知道，物质是由非常小的微粒构成的，构成物质的微粒通常有三种，它们分别是分子、原子和离子。例如，水是由水分子构成的；稀有气体氦、氖、氩等是由原子直接构成的；氯化钠是由带正电荷的阳离子（Na^+）和带负电荷的阴离子（Cl^-）构成的。要判断某一种物质是由这三种微粒的哪一种微粒构成的，必须通过科学测定才能得出正确结论。因此我们需要在初中有关物质结构初步知识的基础上，进一步学习有关物质结构理论的基础知识。

第一节 ▶▶ 原子结构

学习目标

1. 掌握原子的构成。

2. 熟悉核外电子排布知识。

3. 会写出1～18号元素的核外电子排布。

一、原子构成

“原子”一词的原意是指“不可分割的粒子”。现代科学证明，原子是由比它更小的微粒构成的。原子由居于原子中心带正电荷的原子核和核外带负电荷的电子构成。由于原子核所带的电量跟核外电子所带的电量相等，电性相反，因此，原子作为一个整体是呈电中性的。

原子很小，原子核更小。原子核的半径约是原子半径的万分之一，体积只占原子的几千亿分之一。如果假设原子是一座庞大的体育场，而原子核只相当于体育场中央的一只蚂蚁。

原子核虽然很小，但仍可再分。原子核由带一个单位正电荷的质子和不带电的中子构成（个别原子核没有中子）。因此，原子核带的电荷数（即核电荷数）是由核内质子数决定的。即：

核电荷数(Z)＝核内质子数＝核外电子数

例如，钠原子核内有 11 个质子，原子核就带 11 个正电荷，核外必然有 11 个电子，钠原子作为一个整体呈电中性。

科学试验测定，质子质量 $m_p=1.6726\times10^{-27}$kg，中子质量 $m_n=1.6749\times10^{-27}$kg，电子质量 $m_e=9.1094\times10^{-31}$kg。质子、中子的质量分别为电子的 1836 倍和 1839 倍。由此可见原子的质量几乎全部集中在原子核上。

质子、中子的质量很小，计算不方便，因此，通常用它们的相对质量计算。我们把一个^{12}C 原子质量（1.9927×10^{-26}kg）的 1/12（1.6606×10^{-27}kg）作为标准，分别与质子、中子的实际质量相比较，就得到其相对质量。质子相对质量和中子相对质量分别为 1.00728 和 1.00866。通常，电子的相对质量很小，可以忽略不计。如果将相对质子质量和相对中子质量取近似值为 1，那么，相对原子质量数就等于原子核中所有质子和中子的相对质量（取整数）之和。

质量数(A)＝质子数(Z)＋中子数(N)

质量数有两个意义：第一，如果已知原子的质量数和质子数，则可以计算出原子核中的中子数；第二，可以把质量数当作该原子的相对原子质量的近似值。

例如，已知钠原子的核电荷数为 11，质量数为 23，则：

钠原子的中子数$(N)=A-Z=23-11=12$

如果以$_Z^AX$代表质量数为A，质子数为Z的原子，那么构成原子的粒子之间的关系可表示如下：

$$原子(_Z^AX)\begin{cases}\begin{matrix}原子核\\(质量数)A\end{matrix}\begin{cases}质子(数目)Z\\中子(数目)N=A-Z\end{cases}\\核外电子(数目)Z\end{cases}$$

二、同位素

科学研究表明，同种元素的原子（或原子核）中，质子数虽然相同，但质量数或中子数不一定相同。例如，氢元素就有三种不同的原子，详见表2-1。

表2-1　氢元素的三种不同原子

名　称	符　号	俗称	质子数	质量数	中子数
氕(音 piě)	$_1^1H$或H	氢	1	1	0
氘(音 dāo)	$_1^2H$或D	重氢	1	2	1
氚(音 chuān)	$_1^3H$或T	超重氢	1	3	2

我们把具有相同质子数和不同中子数的同一元素的原子互称为同位素。上述$_1^1H$、$_1^2H$、$_1^3H$是氢元素的3种同位素。科学研究表明，碳的同位素有$_6^{12}C$、$_6^{13}C$、$_6^{14}C$；氧的同位素有$_8^{16}O$、$_8^{17}O$、$_8^{18}O$；而铀的同位素有$_{92}^{234}U$、$_{92}^{235}U$、$_{92}^{238}U$等多种。尽管现在只发现了100多种元素，但是许多元素有多种同位素原子存在，各种同位素原子的总数已达2000余种。同一元素的各种同位素，虽然质量不同，但它们的化学性质几乎完

全相同。

在自然界中，各种天然元素的同位素所占的原子质量分数一般是不变的。例如，科学实验测定出氯有两种同位素原子，$^{35}_{17}Cl$ 占 75.77%，$^{37}_{17}Cl$ 占 24.23%；它们的相对原子质量分别为 34.969 和 36.966，它们的相对平均原子质量：

$$34.969\times75.77\%+36.966\times24.32\%=35.486$$

即氯元素的相对原子质量为 35.486。

三、原子核外电子的排布

我们已经知道，原子是由原子核和核外电子构成的，原子核的体积很小，仅占原子体积的几千亿分之一，电子在原子内有“广阔”的运动空间。在这“广阔”的空间里，核外电子是怎样运动的呢?

对于氢原子来说，核外只有一个电子。电子的运动没有固定的轨道。它在核外一定距离的空间内作高速运动，电子云呈球形。对于含有多个电子的原子，它的电子是怎样运动的呢?

在含有多个电子的原子中，电子的能量并不相同。能量低的通常在离核近的区域运动；能量高的，通常在离核远的区域运动。我们将电子所处的不同的运动区域叫作电子层。离核最近的叫第一层，依次向外类推，分别叫作二、三、四、五、六、七层，即在多个电子的原子中，核外电子是在能量不同的电子层上运动的。这七个电子层又可以分别称为 K、L、M、N、O、P、Q 层（如图 2-1 所示）。

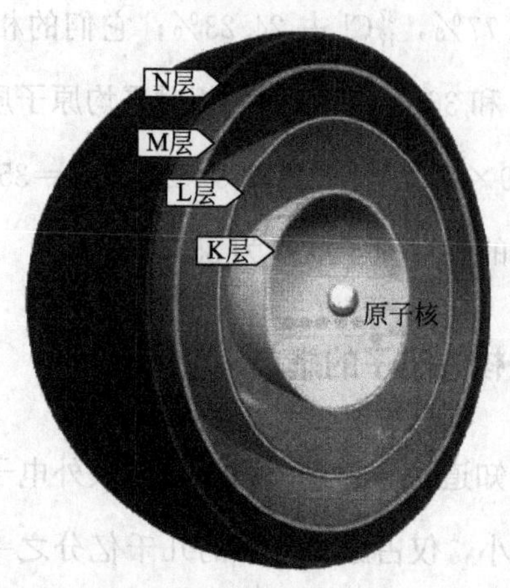

图 2-1　核外电子层分布

核外电子的分层运动，又叫核外电子的分层排布。科学研究表明，核外电子的分层排布是有一定规律的。

① 核外电子从能量低的电子层逐步向能量高的电子层排布。

② 每个电子层可容纳的最多电子数遵循 $2n^2$ 规则。如当电子层 $n=3$，即 M 层最多可容纳 $2\times3^2=18$ 个电子。

③ 最外层电子数不超过 8 个（K 层除外，K 层最多只能容纳 2 个电子）。

④ 次外层电子数不超过 18 个，倒数第三层电子数不超过 32 个。

以上四条是从科学实验的结果中归纳出来的一般性规律，这几条规律要综合使用。1～20 号元素的核外电子排布见表 2-2。

表 2-2　1～20 号元素的核外电子排布

核电荷数	元素名称	元素符号	各电子层的电子数			
			K	L	M	N
1	氢	H	1			
2	氦	He	2			
3	锂	Li	2	1		
4	铍	Be	2	2		
5	硼	B	2	3		
6	碳	C	2	4		
7	氮	N	2	5		
8	氧	O	2	6		
9	氟	F	2	7		
10	氖	Ne	2	8		
11	钠	Na	2	8	1	
12	镁	Mg	2	8	2	
13	铝	Al	2	8	3	
14	硅	Si	2	8	4	
15	磷	P	2	8	5	
16	硫	S	2	8	6	
17	氯	Cl	2	8	7	
18	氩	Ar	2	8	8	
19	钾	K	2	8	8	1
20	钙	Ca	2	8	8	2

怎样表示核外电子的排布呢？通常我们采用圆圈表示原子核，在圆圈内用正数表示质子数，用弧线表示电子层，弧线上的数字表示该电子层上的电子数。

例如氯原子结构示意图：

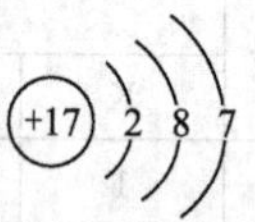

核电荷数 1～20 的元素的原子结构示意图和稀有气体元素的原子结构示意图如图 2-2 所示。

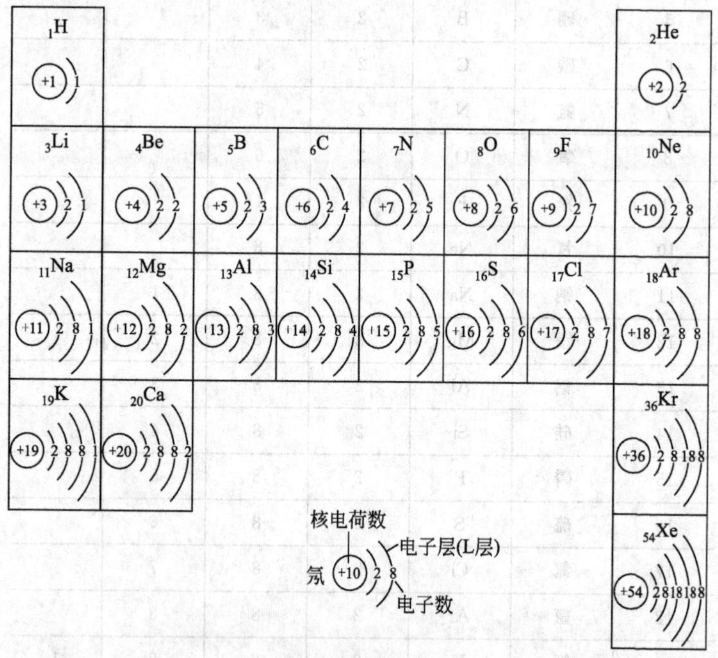

图 2-2　1～20 号元素的原子结构示意图和稀有气体元素的原子结构示意图

同位素的发现

在研究化学元素性质及其排列规律的过程中，化学家们发现了一种现象，就是有几种元素，它们的化学性质十分相似，在自然界中它们总是在一起，在实验室中也极难使它们分离。1910 年英国的索第（1877—1956）提出了同位素假说。他认为：存在有不同原子量和放射性但其物理化学性质完全一样的化学元素变种，这些变种应该处在周期表的同一位置上，因而命名为“同位素”。索第还将 37 种放射性元素分成十类放入周期表中，并将那些化学性质十分相似的元素放入周期表中的同一格子内。在索第提出同位素概念之后，人们对“化学元素”这一概念产生了新的认识，即某种化学元素不再是只代表一种元素，而是代表着一类元素。尽管这些元素的放射性和寿命不同，但它们的化学性质是相同的。同位素概念的提出，进一步丰富了元素周期律，也进一步完善了元素周期表。

1912 年，英国的汤姆生（1856—1940）利用磁场的作用，测量极隧射线（带正电的气体离子）的荷质比，发现了质量为 22 的氖的稳定同位素。这是第一次发现稳定的同位素。1931 年，美国的尤里（1893—1981）成功地进行了从液体氢蒸发而提取浓缩重氢的实验，经对剩余物质进行光谱分析，首次发现了相对原子质量为 2 的氢的同位素，即重氢（氘）。1934 年，澳大利亚的奥利芬特和奥地利的哈泰克用氘核轰击氘核本身，发现了氢的又一种同位素，即相对原子质量为 3 的超重氢（氚）。对同位素的本质认识是在 1932 年中子发现之后，英国人查德威克在人工核反应的研究试验过程中，发现了与质子质量相同的不带电的中子，从而确认：原子核是由中子和质子组成的。从此，人们认识到，同位素的原子核是由具有相同数目的质子和不同数目的中子组成的，质子和中子的质量数之和等于相对原子质量。质子数目决定原子序数和核外电子数，它是决定元素化学性质的主要因素。而原子核内中子数目的多少只影响相对原子质量的大小，并不影响元素的化学性质。1919 年，英国的阿斯顿（1877—1945）用聚焦性能较高的质谱仪，对多种元素的同位素进行测量，从而肯定同位素的普遍存在，并第一次实现同位素的部分分离。同年，瑞典籍匈牙利化学家赫维西（1885—1966）利用放射性同位素作为示踪原子，这是同位素的第一种用途，从而为化学反应机理和化工生产流程的研究开辟了新途径。如今，同位素已经在生物化学、植物生理学、医学、农学和地质学等方面得到广泛应用。

练习题

一、选择题

1. 某粒子含有 6 个质子，7 个中子，电荷为 0，则它的化学符号是（　　）。

A. 13Al　　B. ^{13}Al　　C. ^{13}C　　D. $_{13}C$

2. 科学家人工合成的第 112 号新元素，其原子的质量数为 227，对于该元素下列说法正确的是（　　）。

A. 其原子核内中子数和质子数都是 112

B. 其原子核内中子数为 115，核外电子数为 112

C. 其原子质量是 ^{12}C 原子质量的 227 倍

D. 其原子质量与 $_{12}C$ 原子质量之比为 227∶1

3. 在构成原子的各种微粒中，决定原子种类的是（　　）。

A. 质子数　　B. 中子数

C. 质子数和中子数　　D. 核外电子数

4. 据报道，某一种新元素的质量数是 272，核内质子数是 111，则其核内的中子数为（　　）。

A. 161　　B. 111　　C. 272　　D. 433

5. 质量数为 37 的原子可能有（　　）。

A. 18 个质子，19 个中子，19 个电子

B. 17 个质子，20 个中子，18 个电子

C. 19 个质子，18 个中子，20 个电子

D. 18 个质子，19 个中子，18 个电子

二、填空题

1. 写出核电荷数小于 20 且符合下列情况的原子的结构示意图及元素符号。

（1）次外层电子数是最外层电子数 2 倍的原子：__________。

（2）最外层电子数和次外层电子数相等的原子：__________。

2. 已知 A、B、C、D 四种元素的原子中质子数都小于 18，它们的核电荷数 A<B<C<D。A 与 B 可生成化合物 AB_2，每个 AB_2 分子中含有 22 个电子。C 元素原子的次外层电子数为最外层电子数的 2 倍；D 元素原子的最外层电子数比次外层少 1 个。则各元素名称分别为：A________，B________，C________，D________。

第二节 ▶▶ 元素周期律和元素周期表

学习目标

1. 理解元素周期律的本质，掌握元素周期表的结构。

2. 掌握元素周期表中元素性质的递变规律以及元素性质和原子结构的关系。

3. 初步学会使用元素周期表。

在上一章，我们已经学习过卤素和碱金属元素。通过学习我们知道：同一族的元素，随原子核外电子数的增加，原子核外电子层数依次递增，但最外层电子数相同（卤素最外层均有 7 个电子，碱金属元素最外层均有 1 个电子），这是一种周期性的表现。从性质看，元素在某些方面也有周期性变化的规律。元素以什么为序排列表现周期性呢？

为了方便，人们按核电核数由小到大的顺序给元素编号，这种编号叫作原子序数。显然，原子序数在数值上与这种原子的核电荷数相等。研究核电荷数为 1～18 的元素的原子核外电子排布可以发现，随着元素核电荷数的递增，元素原子最外层电子的排布呈现周期性变化规律。

一、元素周期律

下面我们将对原子序数为 1～18 的元素的核外电子排布、原子半径和主要化合价的周期性变化分别加以讨论。

1. 核外电子排布的周期性

如图 2-3 所示，原子序数为 1～2 的元素，从氢到氦，核外只有一个电子层，电子数由 1 个增到 2 个，达到稳定

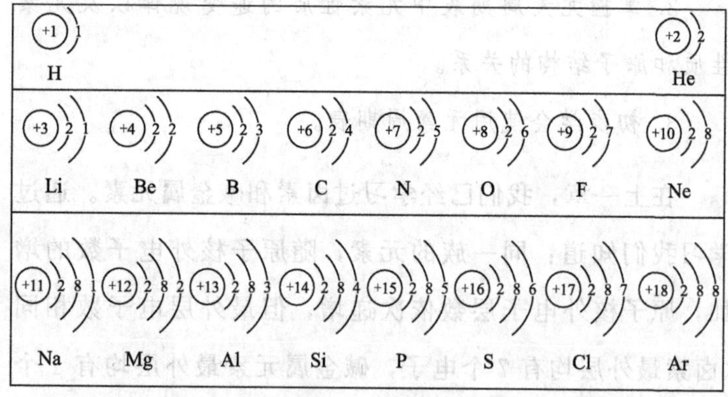

图 2-3　1～18 号元素核外电子排布

结构。

原子序数为 3～10 的元素，从锂到氖，核外有两个电子层，最外层电子由 1 个增到 8 个，达到稳定结构。

原子序数为 11～18 的元素，从钠到氩，核外有三个电子层，最外层电子由 1 个增到 8 个，达到稳定结构。

研究表明，18 号以后的元素，也表现出与上述相似的变化情况，每隔一定数目的原子，会重复出现原子最外层电子数从 1 个递增到 8 个的情况。即随着原子序数的递增，原子最外层电子排布呈周期性变化。

2. 原子半径的周期性变化

如图 2-4 所示，随着原子序数的递增，由左至右，原子半径逐渐减小；由上至下，原子半径逐渐增大，符合下面规律：

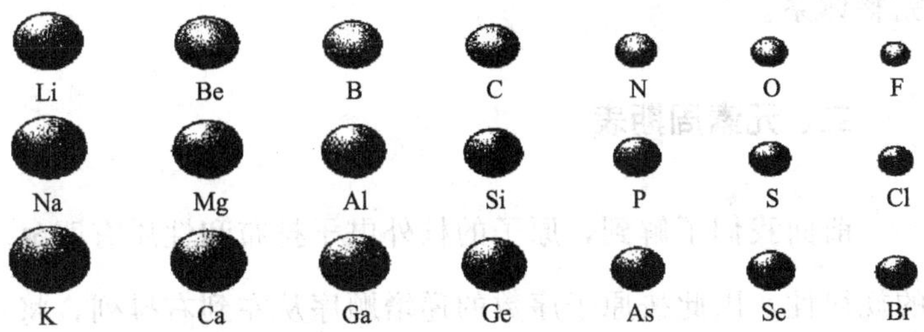

图 2-4 原子半径递变规律

① 电子层数越多，原子半径越大；

② 电子层数相同时，核电核数越多，原子半径越小。

3. 元素主要化合价的周期性变化

由表 2-3 可见，随着原子序数的递增，元素的主要化合价也呈现周期性变化，即从左至右，元素的最高正价呈现由+1 到+7、最低负价呈现由－4 到－1 的周期性变化。

表 2-3 1～18 号元素主要化合价

氢 H +1							氦 He 0
锂 Li +1	铍 Be +2	硼 B +3	碳 C +4,－4	氮 N +5,+3,－3	氧 O －2	氟 F －1	氖 Ne 0
钠 Na +1	镁 Mg +2	铝 Al +3	硅 Si +4,－4	磷 P +5,+3,－3	硫 S +6,+4,－2	氯 Cl +7,+5,－1	氩 Ar 0

通过以上事实，可以归纳出这样一条规律：元素的性质随着原子序数的递增而呈周期性变化。这个规律叫作元素周期律。元素周期律反映了各种化学元素之间的内在联系和性质变化规律，使人们认识到化学元素之间不是彼此孤立和无联系的，而是一个有规律地变化着的

完整体系。

二、元素周期表

前面我们了解到，原子的核外电子排布和性质有明显的规律性，因此按原子序数的递增顺序从左到右排列，将电子层数相同的元素排列成一个横行，把最外层电子数相同的元素按电子层数递增的顺序从上到下排成一个纵行，就可以得到一个表。这个表就叫元素周期表。元素在周期表中的位置不仅反映了元素的原子结构，也显示了元素性质的递变规律和元素之间的内在联系。

1. 元素周期表的结构

（1）周期

元素周期表共有 7 个横行，每一横行称为一个周期，所以元素周期表共有 7 个周期。这 7 个周期又可以分成短周期和长周期。同周期元素原子的电子层数等于该周期的序数。

第一周期只有 2 种元素；第二、三周期各有 8 种元素；第四、五周期各有 18 种元素；第六周期有 32 种元素。通常把含有元素较少的第一、二、三周期叫作短周期；含有元素较多的第四、五、六、七周期叫作长周期。

周期的序数＝该周期元素原子具有的电子层数

其中，第六周期中从57号（镧）到71号（镥）的15

种元素，它们的电子层结构和元素性质非常相似，总称镧系元素；第七周期中从 89 号（锕）到 103 号（铹）的 15 种元素，它们的电子层结构和元素性质也非常相似，总称锕系元素。为了使表的结构紧凑，将镧系元素和锕系元素分别按周期放在周期表的同一格里，并按原子序数递增的顺序，把它们列在周期表的下方。

(2) 族

周期表中共有 18 个纵行，除第 8、9、10 三个纵行合称为第ⅧB 族元素外，其余 15 个纵行，每一个纵行称为一个族。族又分为主族、副族。

由短周期元素和长周期元素共同构成的族叫作主族。元素周期表中共有 8 个主族。主族用罗马数字加一个字母 A 表示，如ⅠA、ⅡA、ⅢA、ⅣA、ⅤA、ⅥA、ⅦA、ⅧA。

主族的序数=该族元素原子的最外层电子数

仅由长周期元素构成的族叫作副族。元素周期表中共有 8 个副族。副族用罗马数字加一个字母 B 表示，如ⅠB、ⅡB……ⅧB。

稀有气体元素，是指元素周期表上的ⅧA 族元素。在常温常压下，它们都以无色无味的单原子气体形式存在，化学性质非常不活泼，在通常情况下难以与其他物质发生化学反应，因此又称为惰性气体元素。

副族元素统称为过渡元素，这些元素都是金属，所以又把它们叫作过渡金属。

2. 周期表中元素性质的递变规律

经研究表明，在元素周期表中，元素的性质由左至右（同周期）、由上至下（同主族），都呈周期性变化。

（1）元素的金属性与非金属性

元素的金属性是指元素的原子失电子的能力，元素的非金属性是指原子得电子的能力。元素失电子能力越强，表明该元素的金属性越强；元素得电子能力越强，表明该元素的非金属性越强。

一般说来，元素的金属性越强，它的单质与水或酸反应越剧烈，对应的碱的碱性也越强。元素的非金属性越强，它的单质与 H_2 反应越剧烈，得到的气态氢化物的稳定性越强，该元素的最高价氧化物所对应的水化物的酸性也越强。另外，还可以根据金属或非金属单质之间的相互置换反应，进行金属性和非金属性强弱的判断。一种金属能把另一种金属元素从它的盐溶液里置换出来，表明前一种元素金属性较强；一种非金属单质能把另一种非金属单质从它的盐溶液或酸溶液中置换出来，表明前一种元素的非金属性较强。

① 同周期元素金属性和非金属性的递变规律　现以第三短周期为例，研究钠、镁、铝的性质。

【实验 2-1】 取两支试管各注入约 5mL 的水。用镊子取绿豆大小的一块钠，用滤纸将其表面的煤油擦去，放入第一支试管中，观察现象。再取一小段镁带，用砂纸擦去氧化膜，投入另外一支试管中。若反应缓慢，可在酒精灯上加热，观察现象。反应完毕后，分别向两支试管中加入 2～3 滴酚酞试液，观察现象。

实验结果表明：常温时单质 Na 与水能剧烈反应，放出氢气，反应后加入酚酞溶液变红；单质 Mg 与冷水几乎不反应，但在加热后反应迅速，并产生少量氢气，滴加酚酞后溶液颜色变红。反应方程式如下：

$$2Na+2H_2O \xlongequal{} 2NaOH+H_2\uparrow$$

$$Mg+2H_2O \xlongequal{} Mg(OH)_2+H_2\uparrow$$

可见，钠比镁活泼，它们与水反应之后生成相应的氢氧化物，其水溶液呈碱性。

【实验 2-2】 取一小片铝和一小段镁条，用砂纸擦去氧化膜，分别放入两支试管中，各向试管中加入 1mol/L 盐酸 2mL，观察发生现象。

实验表明：镁、铝都能跟盐酸起反应，置换出氢气。反应方程式分别为：

$$Mg+2HCl \xlongequal{} MgCl_2+H_2\uparrow$$

$$2Al+6HCl \xlongequal{} 2AlCl_3+3H_2\uparrow$$

镁与酸的反应比铝与酸的反应剧烈，说明铝的金属活泼性不如镁强。

【实验 2-3】 取两支试管，分别加入 1mol/L 的氯化镁溶液和 1mol/L 三氯化铝溶液 2mL，再逐滴加入 2mol/L 的氢氧化钠溶液，直至析出沉淀为止。向加入氯化镁溶液并产生沉淀的试管中加入盐酸溶液，观察沉淀是否溶解。将加入三氯化铝溶液并产生沉淀的试管中的物质分成两份，然后分别加入氢氧化钠溶液和盐酸，观察沉淀是否溶解。

实验表明：

① 氢氧化镁沉淀能溶于盐酸而不溶于氢氧化钠溶液。化学反应方程式为：

$$MgCl_2 + 2NaOH = Mg(OH)_2 \downarrow + 2NaCl$$

$$Mg(OH)_2 + 2HCl = MgCl_2 + 2H_2O$$

② 氢氧化铝沉淀既能溶于盐酸，也能溶于氢氧化钠。化学反应方程式为：

$$AlCl_3 + 3NaOH = Al(OH)_3 \downarrow + 3NaCl$$

$$Al(OH)_3 + 3HCl = AlCl_3 + 3H_2O$$

$$Al(OH)_3 + NaOH = \underset{\text{偏铝酸钠}}{NaAlO_2} + 2H_2O$$

像氢氧化铝这样既能与酸反应又能与碱反应的氢氧化物，叫作两性氢氧化物。

以上实验表明：钠是活泼金属，镁的金属性比钠弱，而铝的氢氧化物表现出两性。对应的氢氧化物的碱性：

$$NaOH > Mg(OH)_2 > Al(OH)_3$$

如果继续对硅、磷、硫、氯进行研究，许多实验事实还能证明它们的非金属性依次增强，见表 2-4。

表 2-4　硅、磷、硫、氯非金属性递变规律

<table>
<tr><th colspan="2">项　目</th><th>硅 Si</th><th>磷 P</th><th>硫 S</th><th>氯 Cl</th></tr>
<tr><td colspan="2">单质与氢气反应条件</td><td>高温</td><td>磷蒸气</td><td>加热</td><td>光照或点燃，爆炸性化合物</td></tr>
<tr><td rowspan="2">气态氢化物</td><td>化学式</td><td>SiH_4</td><td>PH_3</td><td>H_2S</td><td>HCl</td></tr>
<tr><td>稳定性</td><td>很不稳定</td><td>不稳定</td><td>不太稳定</td><td>稳定</td></tr>
<tr><td rowspan="2">最高价氧化物对应水化物</td><td>化学式</td><td>H_4SiO_4</td><td>H_3PO_4</td><td>H_2SO_4</td><td>$HClO_4$</td></tr>
<tr><td>酸性</td><td>极弱酸</td><td>中强酸</td><td>强酸</td><td>最强酸</td></tr>
<tr><td colspan="2">结论</td><td colspan="4">硅、磷、硫、氯得电子能力逐渐增强，即非金属性逐渐增强</td></tr>
</table>

经过上面的实验和比较我们得出结论：同周期元素随着原子序数的递增，原子核电荷数逐渐增大，而电子层数却没有变化，因此原子核对核外电子的引力逐渐增强，原子半径逐渐减小，原子失电子能力逐渐减弱、得电子能力逐渐增强，即元素金属性逐渐减弱，非金属性逐渐增强。

② 同主族元素金属性和非金属性的递变规律　见图 2-5。

同主族元素，随着原子序数的递增，由上至下，电子层数逐渐增多，原子半径逐渐增大，原子核对最外层电子的吸引力逐渐减小，元素的原子失电子能力逐渐增强、得电子能力逐渐减弱，所以元素的金属性逐渐增强，非金属性逐渐减弱。例如，第一主族元素的金属性 H＜Li＜Na＜K＜Rb＜Cs，卤族元素的非金属性 F＞Cl＞Br＞I。

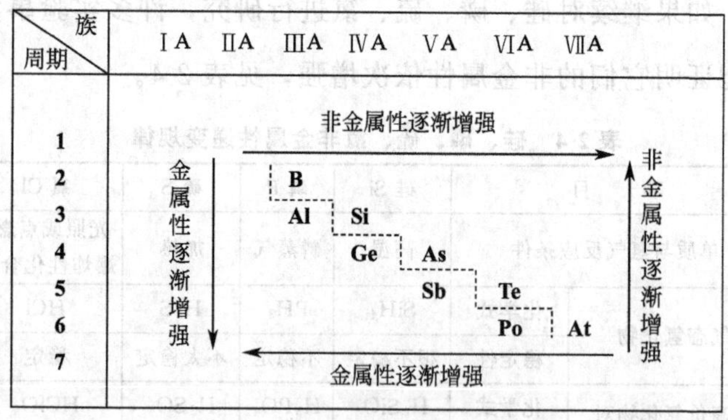

图 2-5 同主族元素金属性和非金属性的递变规律

综合以上两种情况，可以得出简明的结论：在元素周期表中，越向左、下方，元素金属性越强；越向右、上方，元素的非金属越强。在国际纯粹与应用化学联合会(IUPAC) 正式承认的已发现的元素中，金属性最强的元素是 Fr，非金属性最强的元素是 F。

(2) 元素的化合价

元素的化合价与原子的电子层结构，特别是与最外电子层中电子的数目有密切关系。

在元素周期表中，主族元素最高正价等于它的最外层电子数，又等于它所在的族序数。非金属元素的最高正化合价，等于原子所能失去或偏移的最外层上的电子数；而它的最低负化合价等于 8 减去最外层电子数。因此，对于非金属元素来说：

$$最高正化合价数 + |负化合价数| = 8$$

总之，元素的性质是由原子结构决定的，元素在周期表中的位置反映了该元素的原子结构和一定的性质。所以，元素性质、原子结构和该元素在周期表中的位置三者有着密切的关系。我们可以根据某元素在周期表中的位置，推测它的原子结构和某些性质；同样，也可以根据元素的原子结构，推测它在元素周期表中的位置。

【例题 2-1】 已知某元素的原子序数为17，试推测它在元素周期表中的位置。

解 由于该元素的原子序数为17，其原子结构示意图为：

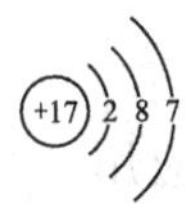

该元素共有三个电子层，最外层有7个电子，所以可知该元素位于元素周期表中第ⅦA族。

3. 元素周期律和元素周期表的意义

元素周期律和周期表，揭示了元素之间的内在联系，反映了元素性质与它的原子结构的关系，在哲学、自然科学、生产实践各方面都有重要意义。

(1) 在哲学方面

元素周期律揭示了元素原子核电荷数递增引起元素性质发生周期性变化的事实，有力地论证了事物变化的量变引起质变的规律性。元素周期表是周期律的具体表现形式，它把元素纳入一个系统内，反映了元素间的内在联系，打破了曾经认为元素是互相孤立的形而上学观点。通过元素周期律和周期表的学习，可以加深对物质世界对立统一规律的认识。

（2）在自然科学方面

周期表为发展物质结构理论提供了客观依据。原子的电子层结构与元素周期表有密切关系，周期表为发展过渡元素结构理论、镧系和锕系结构理论，甚至为指导新元素的合成、预测新元素的结构和性质都提供了线索。元素周期律和周期表在自然科学的许多部门都是重要的工具。

（3）在生产上的某些应用

由于在周期表中位置靠近的元素性质相似，这就启发人们在周期表中一定的区域内寻找新的物质。

① 农药多数是含 Cl、P、S、N、As 等元素的化合物。

② 半导体材料多含有周期表里金属与非金属接界处的元素，如 Ge、Si、Ga、Se 等。

③ 在周期表里从ⅢB 族到ⅥB 族的过渡元素，如 Ti、Ta、Mo、W、Cr 的单质或化合物，具有耐高温、耐腐蚀等特点。它们是制作特种合金的优良材料，用于制造火箭、导弹、宇宙飞船、飞机、坦克等。

化学巨人——门捷列夫

19世纪中期，俄国化学家门捷列夫制定了化学元素周期表。

门捷列夫出生于1834年。他出生不久，父亲就因双目失明出外就医而失去了赖以维持生计的教员职位。门捷列夫14岁那年，父亲逝世，接着火灾又吞没了他家中的所有财产。然而，他并没有被生活的困苦所打倒。1850年，家境困顿的门捷列夫凭借着微薄的助学金开始了他的大学生活，后来成了彼得堡大学的教授。

门捷列夫生活在化学界探索元素规律的卓绝时期。当时，各国化学家都在探索已知的几十种元素的内在联系规律。1865年，英国化学家纽兰兹把当时已知的元素按原子量大小的顺序进行排列，发现无论从哪一个元素算起，每到第八个元素就和第一个元素的性质相近。这很像音乐上的八度音循环，因此，他干脆把元素的这种周期性叫作“八音律”，并据此画出了标示元素关系的“八音律”表。显然，纽兰兹已经下意识地摸到了“真理女神的裙角”，差点就揭示元素周期律了。不过，条件限制了他做进一步的探索，因为当时原子量的测定值有错误，而且他也没有考虑到还有尚未发现的元素，只是机械地按当时测得的原子量大小将元素排列起来，所以他没能揭示出元素之间的内在规律。

任何科学真理的发现，都不会是一帆风顺的，都会受到阻力，有些阻力甚至是人为的。当年，纽兰兹的“八音律”在英国化学学会上受到了嘲弄，主持人以不无讥讽的口吻问道：“你为什么不按元素的字母顺序排列?”门捷列夫同样在探索化学元素的规律，他以惊人的洞察力投入了艰苦的研究中。直到1869年，他将当时已知元素的主要性质和原子量，写在一张张小卡片上，进行反复排列比较，才最后发现了元素周期规律，并依此制定了元素周期表。

门捷列夫的元素周期律宣称：把元素按原子量的大小排列起来，在物质上会出现明显的周期性；原子量的大小决定元素的性质；可根据元素周期律修正已知元素的原子量。后来，门捷列夫的元素周期表被一个个发现新元素的实验所证实。反过来，元素周期表又指导化学家们有计划、有目的地寻找新的化学元素。至此，人们对元素的认识跨过漫长的探索历程，终于进入了自由王国。

门捷列夫的元素周期表奠定了现代化学和物理学的理论基础。

练习题

一、选择题

1. 下列元素的原子半径依次减小的是（ ）。

A. Mg、Na、Al　　B. N、O、F

C. P、Si、Al　　　　　　D. C、Si、P

2. 下列金属中，按照金属性从弱到强的顺序排列的是（　　）。

A. 铝、镁、钠、钾　　　B. 镁、铝、钾、钠

C. 钙、钾、铯、铷　　　D. 钙、钾、钠、锂

3. 下列各组中前者的碱性比后者强的是（　　）。

A. KOH 和 $Al(OH)_3$　　　B. $Mg(OH)_2$ 和 NaOH

C. $Al(OH)_3$ 和 $Mg(OH)_2$　　D. $Mg(OH)_2$ 和 $Ca(OH)_2$

4. 下列的氢氧化物中，碱性最强的是（　　）。

A. KOH　　B. NaOH　　C. RbOH　　D. LiOH

5. 碱性强弱介于 KOH 和 $Mg(OH)_2$ 之间的氢氧化物是（　　）。

A. NaOH　B. $Al(OH)_3$　C. $Ca(OH)_2$　D. RbOH

6. 下列关于元素周期表和元素周期律的说法错误的是（　　）。

A. Li、Na、K 元素的原子核外电子层数随着核电荷数的增加而增多

B. 第二周期元素从 Li 到 F，非金属性逐渐增强

C. 因为 Na 比 K 容易失去电子，所以 Na 比 K 的金属性强

D. O 与 S 为同主族元素，且 O 比 S 的非金属性强

二、填空题

1. 在 Na、K、O、N、C、Li、F、H 八种元素中，原子半径由小到大的顺序为＿＿＿＿＿＿＿＿＿＿＿＿＿＿。

2. 下表是周期表中的一部分，根据 A～I 在周期表中的位置，用元素符号或化学式回答问题。

周期	ⅠA	ⅡA	ⅢA	ⅣA	ⅤA	ⅥA	ⅦA	ⅧA
1	A							
2				D	E		G	I
3	B		C		F		H	

(1) 表中元素（填元素符号或化学式）：化学性质最不活泼的是＿＿＿＿；只有负价而无正价的是＿＿＿＿；氧化性最强的单质是＿＿＿＿；还原性最强的单质是＿＿＿＿。

(2) 最高价氧化物的水化物碱性最强的是＿＿＿＿，酸性最强的是＿＿＿＿，呈两性的是＿＿＿＿。

(3) A 分别与 D、E、F、G、H 形成的化合物中，最稳定的＿＿＿＿。

(4) 在 B、C、D、E、F、G、H 中，原子半径最大的是＿＿＿＿。

(5) A 和 E 形成化合物的化学式＿＿＿＿。

三、已知某元素的原子序数为 12，试推测它在元素周期表中的位置。

第三节 ▶▶ 化学键和晶体

学习目标

1. 掌握化学键、离子键和共价键等概念。
2. 熟悉离子键和共价键形成的知识。
3. 了解常见的晶体类型。

从元素周期表我们可以看出，到目前为止，已经发现的元素只有 100 多种。然而，这一百多种元素的原子组成的物质却数以千万计。那么，元素的原子通过什么作用形成如此丰富多彩的物质呢？

研究表明，相同或不相同的原子之所以能够组成稳定的分子，是因为原子之间存在着强烈的相互作用力。这种相邻的两个或多个原子之间强烈的相互作用，通常称为化学键。在一个水分子中 2 个氢原子和 1 个氧原子就是通过化学键结合成水分子。由于原子核带正电，电子带负电，所以我们可以说，所有的化学键都是由两个或多个原子核对核外电子同时吸引所形成的。根据结合方式不同，将化学键分成三种类型，即离子键、共价键和金属键。

一、化学键

1. 离子键

【实验 2-4】 取一块绿豆大小的金属钠，切去氧化层，再用滤纸吸干上面煤油，放在石棉网上，用酒精灯微热，待钠熔化成球状时，将盛有氯气的集气瓶倒扣在钠的上方，观察现象。

观察到钠在氯气中可以燃烧，集气瓶内产生大量白色烟。反应方程式如下：

$$2Na+Cl_2 \xlongequal{点燃} 2NaCl$$

由于钠的金属性很强，在反应中容易失去一个电子而形成最外层为 8 个电子的稳定结构；而氯的非金属性很强，在反应中容易得到一个电子，同样形成最外层为 8 个电子的稳定结构。当钠原子和氯原子相遇时，钠原子最外层的一个电子转移到氯原子的最外层上，使钠原子和氯原子分别形成了带正电荷的钠离子和带负电荷的氯离子。Na^+ 和 Cl^- 之间，除了有阴、阳离子的静电相互吸引作用外，还有原子核和核外电子之间、电子与电子间、原子核与原子核间的相互作用。当阴、阳离子接近到一定距离时，吸引和排斥作用达到平衡，阴、阳离子间形成稳定的化学键（如图 2-6 所示）。

像氯化钠一样，由阴、阳离子通过静电作用所形成的

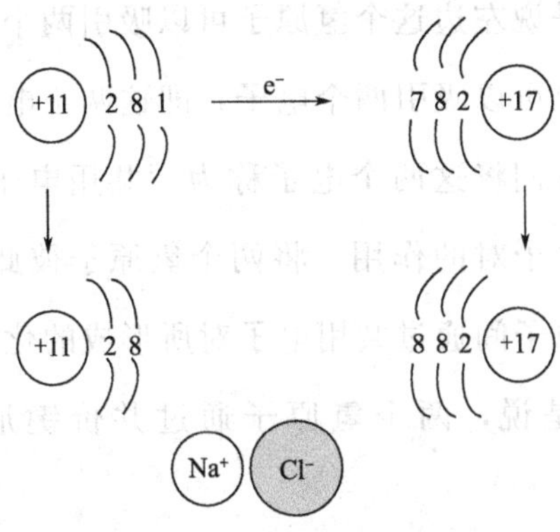

图 2-6　NaCl 离子键的形成

化学键叫作离子键。由离子键构成的化合物叫作离子化合物。离子化合物一般都很稳定。

在化学反应中，一般是原子的最外层电子发生变化。为了简便起见，化学中常在元素符号周围用小黑点“.”或小叉“×”来表示元素原子的最外层电子，称为电子式。如 Na、Mg、Cl、O 的电子式可分别表示为：

$$Na\times \qquad \times Mg\times \qquad \cdot\ddot{\underset{\cdot\cdot}{Cl}}: \qquad \cdot\ddot{\underset{\cdot\cdot}{O}}\cdot$$

氯化钠的形成可以用电子式表示为：

$$Na^{\times} + \cdot\ddot{\underset{\cdot\cdot}{Cl}}: \longrightarrow Na^{+}[\overset{\times}{\cdot}\ddot{\underset{\cdot\cdot}{Cl}}:]^{-}$$

2. 共价键

是否所有的原子都能失电子或得电子形成离子？

我们先来分析一个氢分子中两个氢原子是如何结合在一起的。在氢分子中，两个电子同时受两个原子核的共同作用，也就是说左边这个氢原子可以吸引两个电子，右边这个氢原子也可以吸引两个电子，即这两个电子为两个原子所共用。我们将这两个电子称为“共用电子对”。氢分子通过共用电子对的作用，将两个氢原子彼此联系起来，我们将这种原子间通过共用电子对所形成的化学键称为共价键。也就是说，两个氢原子通过共价键形成一个氢分子。

一般情况下，同种或不同种的非金属元素的原子之间化合时，能形成共价键（稀有气体元素除外）。

氯化氢分子的形成用电子式可以表示为：

$$\mathrm{H}\times + \cdot\underset{\cdot\cdot}{\overset{\cdot\cdot}{\mathrm{Cl}}}: \longrightarrow \mathrm{H}{}_{\times}\underset{\cdot\cdot}{\overset{\cdot\cdot}{\mathrm{Cl}}}:$$

为了更简捷地表示两个原子间的共价键，我们可以将电子式进行简化。将没有参与形成共价键的电子省略，用一根短线表示一对共用电子对，这样写出的化学式称为结构式。如上面的共价分子可表示为：H—H、H—Cl。

3. 共价键参数

(1) 键长

在分子中，两个形成共价键的原子之间的核间距离叫作键长。例如，H—H 键长为 0.074nm，C—C 键长为 0.154nm，Cl—Cl 键长为 0.198nm。

一般说来，键长越短，表明共价键越强，越牢固。

(2) 键能

断开1摩尔（摩尔的概念在下一章介绍，摩尔的符号是 mol）的某化学键所需要吸收的能量叫作键能。例如H—H 的键能为 436kJ/mol，C—C 键的键能为 347.4kJ/mol。键能越大，化学键越稳定，越不容易断裂。某些共价键的键能见表 2-5。

表 2-5 某些共价键的键能 kJ·mol^{-1}

键	H—H	Br—Br	I—I	Cl—Cl	H—Cl	H—I	H—Br
键能	436	193	151	247	431	299	356

(3) 键角

在分子中，键和键之间的夹角叫作键角。如水分子中两个 H—O 键的键角为 104.5°；二氧化碳分子中两个 C═O键呈直线，键角为 180°。

二、晶体

通过对原子结构和化学键的学习，我们知道组成物质的微粒可以是原子、分子或离子。根据物质在不同温度和压力下微粒间作用力大小的不同和排列方式的不同，物质主要可分为三种聚集状态：固态、液态和气态。固态物质又可分为晶体和非晶体（无定形体）。下面我们来学习有关晶体的知识。

晶体是通过结晶而形成的具有规则几何外形的固体。我们日常接触很多的物质是固体，其中多数固体是晶体，如 NaCl、I_2、金刚石等。实验证明：组成这些晶体的原子在三维空间内呈周期性有序排列。晶体的有规则的几何外形是构成晶体的微粒有规则排列的外部反映。晶体一般都具有规则的几何形状和一定的熔点。

根据构成晶体的粒子种类及粒子间的相互作用不同可以把晶体分为离子晶体、分子晶体和原子晶体等。

1. 离子晶体

离子间通过离子键结合而成的晶体叫作离子晶体。在离子晶体中，阴、阳离子按一定规律在空间排列，如图 2-7所示的 NaCl 晶体结构。

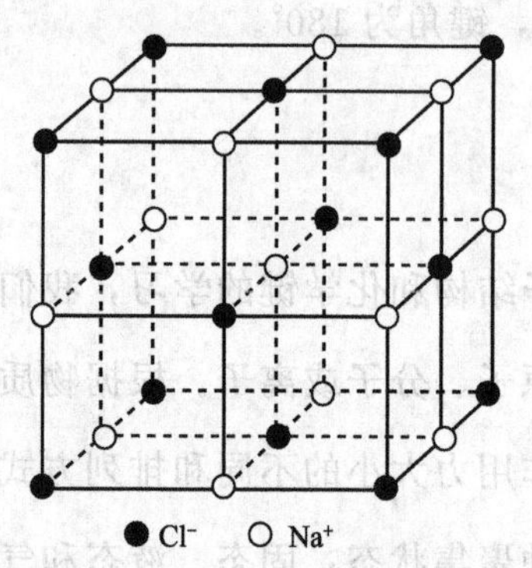

图 2-7　NaCl 的晶体结构

在 NaCl 晶体结构中，每个钠离子周围同时吸引着 6 个氯离子，每个氯离子周围同时吸引着 6 个钠离子。钠离子和氯离子就是按照这种排列方式向空间各个方向伸展，形成氯化钠晶体。因此，在 NaCl 晶体中无单个分子存在，但是钠离子和氯离子的数目之比是 1∶1。所以，严格说来，NaCl 应称为化学式，表示的是晶体中离子的个数比。

离子晶体都具有较高的熔点、沸点，在熔融状态或水溶液中能导电。有些离子晶体易溶于水，有些难溶于水。离子晶体硬度都比较大，难以压缩和挥发。一般情况下，强碱、部分金属氧化物、绝大部分盐类都属于离子晶体，例如 KOH、$CuSO_4$、NH_4Cl、CaO 等。

2. 分子晶体

CO_2常温下为气态，在降温或增大压强时，气体分子间距离减小，变不规则运动为有序排列，成为固态（干冰）。CO_2分子之间存在某种作用力，这种作用力称为分子间作用力，又称为范德华力。

分子间以分子间作用力相结合的晶体叫作分子晶体。构成分子晶体的粒子是分子。例如，氢气、氯气、二氧化碳等物质在常温时是气体，当温度降低、增大压强时能凝结为液体，进一步能凝结为固体。它们都是分子晶体。范德华力是存在于分子间的一种吸引力，不属于化学键。化学键是存在于相邻原子之间（即分子之内）作用力。分子间作用力比化学键弱得多。例如，HCl 分子的 H—Cl 键的键能为 431kJ/mol，而 HCl 的分子间作用力仅为

21kJ/mol。

分子间作用力的大小对物质的熔点、沸点和溶解度等都有影响。分子间作用力越大，克服分子间引力使物质熔化或者汽化就需要更多的能量，即物质的熔点和沸点就越高。与离子晶体相比，分子晶体通常具有较低的熔点、沸点和较小的硬度，熔融状态下不导电。例如 Cl_2 的熔点为 −107.1℃，沸点为 −34.6℃。

3. 原子晶体

相邻原子间以共价键相结合而形成空间立体网状结构的晶体叫作原子晶体。构成原子晶体的粒子是原子，原子间以较强的共价键相结合。这类晶体是由“无限”数目的原子组成的。由于晶体各个方向上的共价键都是相同的，因此不存在独立的分子，而只能把整个晶体看成是一个大分子。晶体有多大，分子便有多大，没有确定的相对分子质量。

例如金刚石就是典型的原子晶体（如图 2-8 所示）。金刚石中的碳原子都以共价键结合，每一个碳原子的周围都有 4 个按照正四面体分布的碳原子，即每个碳原子与相邻的 4 个碳原子都形成正四面体。这些正四面体结构向空间发展，构成一种坚实的、彼此联结的空间网状结构。

在原子晶体中，原子间以较强的共价键相结合，而且形成空间立体网状结构，所以原子晶体的熔点和沸点高、

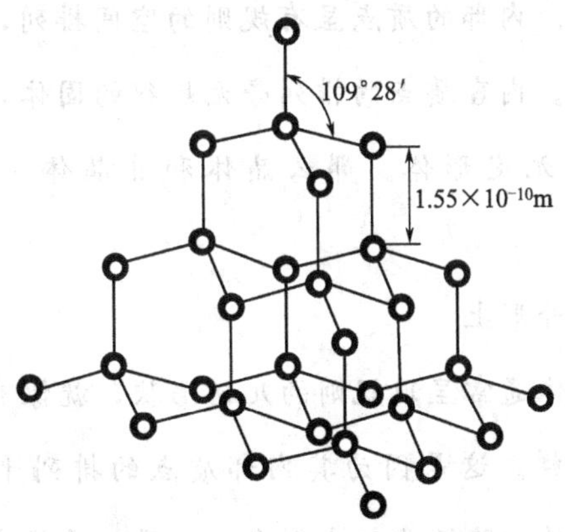

图 2-8　金刚石的晶体结构

硬度大。原子晶体的化学式只代表原子个数最简比，原子晶体中没有单个的分子，这一点与离子晶体相似。原子晶体一般不导电，且难溶于一些常见的溶剂。常见的原子晶体有金刚石、单晶硅、碳化硅、石英（SiO_2）等。

阅读

晶体与非晶体的区别

物质的存在状态一般有三种情况，即固态、液态和气态。物质由固态变成液态的过程，常称为液化、熔化或熔融。固体熔化时要吸收热量。物质由液态变成固态的过程叫作凝固。物质在凝固时要放出热量。固体又分为晶体和非晶体。组成物质的微粒，如原子、分子、离子，都可以被称为质点。内部的质点呈有规则的空间排列，这样的固体称为晶体。内容质点的排列毫无规律的固体，称为非晶体，也称为无定形体。那么晶体和非晶体又有什么特性呢？

（1）在外形上

天然晶体通常呈现规则的几何形状，就像有人特意加工出来的一样。这是因为其内部质点的排列十分规整严格，比士兵的方阵还要整齐得多。如果把晶体中任意一个原子沿某一方向平移一定距离，必能找到一个同样的原子。所以晶体都有自己独特的、呈对称性的形状，如食盐呈立方体状、冰呈六角棱柱体状、明矾呈八面体状等。而非晶体内部原子的排列是杂乱无章的，所以非晶体的外形是不规则的，如沥青、玻璃、松香、石蜡等。当然有时仅从外观上，用肉眼很难区分晶体、非晶体，因为许多的晶体往往被人们进行加工和改造过。

（2）在温度上

晶体在液化（或凝固）过程中温度保持不变，即有确定的熔点（或凝固点），如冰（或水）的熔点（或凝固点）是0℃、海波的熔点（或凝固点）是48℃。非晶体在液化（或凝固）过程中温度持续上升（或下降），没有确定的熔点（或凝固点）。在给物质加热过程中，我们可以借助实验温度计，在物质液化时，测量其温度是否发生变化，如果温度不变的就是晶体，温度上升的就是非晶体。

(3) 在物质的状态上

晶体在液化（或凝固）过程中呈固液共存态，如冰融化时，先是有一部分冰化成水，然后，随着液化的进行，冰越来越少，水越来越多，直到最后冰全部化成水。非晶体在液化（或凝固）过程中先是整体变软（或变硬），然后流动性越来越大（或越小），最后变成液态（或固态）。如我们看到的蜡烛点燃时就是这样，靠近火焰的地方先变软再变成液态的蜡油。不像冰融化时，尽管有一部分冰已经化成了水，而其他部分的冰仍然是很坚硬的固体。

(4) 在图像上

由于晶体液化（或凝固）时的温度不变，所以在晶体液化（或凝固）时作温度随时间变化的曲线，图像上就表现为在曲线上有一段是水平的，或者说有一段曲线与时间轴是平行的。而非晶体熔化（或凝固）时的温度变化曲线中则没有这一段。

练习题

一、选择题

1. 下列关于化学键的描述正确的是（　　）。

A. 原子与原子之间的相互作用

B. 分子之间的一种相互作用

C. 相邻原子之间的强烈相互作用

D. 相邻分子之间的强烈相互作用

2. 下列固态物质由独立小分子构成的是（ ）。

A. 金刚石　B. 铜　C. 干冰　D. 食盐

3. 关于化学键的下列叙述中，正确的是（ ）。

A. 离子化合物不可能含共价键

B. 共价化合物可能含离子键

C. 离子化合物中只含有离子键

D. 共价化合物中不含离子键

4. 下列各组物质的晶体中，化学键类型相同、晶体类型也相同的是（ ）。

A. SO_2和SiO_2　B. NaCl和HCl

C. CCl_4和KCl　D. CO_2和H_2O

5. 在下列有关晶体的叙述中错误的是（ ）。

A. 离子晶体中一定存在离子键

B. 原子晶体中一定存在共价键

C. 分子晶体的熔点、沸点均很高

D. 氯化氢是分子晶体

6. 下列物质属于原子晶体的化合物是（ ）。

A. 金刚石　B. 刚玉　C. 氯化钠　C. 干冰

7. 下列物质属于分子晶体的化合物是（ ）。

A. 石英　　　B. 金刚石　　　C. 干冰　　　D. 食盐

二、填空题

1. 离子键的特征是____________________；共价键的特征是____________________。

2. 一般来说，分子间力越大，物质熔点、沸点就越________。

第三章 溶液

我们知道，自然界中的化学反应种类繁多，但都要涉及以下两个方面的问题：第一是反应进行的快慢，即反应速率问题；第二是反应进行的程度，即有多少反应物可以转化为生成物，这就是化学平衡问题。这两个问题不仅是以后学习化学的基础理论，也是研究化工生产过程适宜条件时需要掌握的化学规律。为了学好化学反应速率和化学平衡理论，本章首先介绍物质的量和溶液组成的表示方法。物质是由原子、分子、离子等微粒构成，单个这样的微粒是肉眼看不见的，也是难于称量的。而实际生活中都是以可称量的物质进行反应的。所以很需要一个量把微观粒子跟可称量的物质联系起来，这个量就是物质的量。

第一节 物质的量

学习目标

1. 理解物质的量、摩尔质量等概念。

2. 掌握物质的量和物质质量之间的换算。

3. 能将物质的量应用于化学反应式的计算。

一、物质的量

物质之间所发生的化学反应，是由肉眼看不见的原子、分子、离子等微观粒子按一定的数目关系进行的，也是以可称量的物质之间按一定的质量关系进行的。所以，在原子、离子、分子与可称量的物质之间一定存在着某种联系。那么，如何把反应中的微粒与可称量的物质联系起来呢？

物质的量是把一定数目的分子、原子、离子等微粒与可称量的物质联系起来的一个物理量，是国际单位制中 7 个基本量之一，符号为 n，单位为摩尔，简称摩，符号为 mol。物质的量是衡量物质所含微粒多少的物理量。1971 年，第 14 届国际计量大会决定用摩尔作为计量原子、分子或离子等微粒的单位。

科学上规定：某物质如果含有的微粒数和 12g ^{12}C（即 0.012kg ^{12}C）含有的碳原子数相等，该物质的物质的量就是 1mol。^{12}C 就是原子核里有 6 个质子和 6 个中子的碳原子。

我们把 12g ^{12}C 含有的碳原子数称为阿伏加德罗常数。阿伏加德罗常数经过实验已测得比较精确的数值，在

本书中采用 6.02×10^{23} 这个非常近似的数值。

某物质所含微粒的数目是 6.02×10^{23} 个时，该物质的物质的量就是 1mol。例如：

1mol C 中约含有 6.02×10^{23} 个碳原子；

1mol H 中约含有 6.02×10^{23} 个氢原子；

1mol O_2 中约含有 6.02×10^{23} 个氧分子；

1mol H_2O 中约含有 6.02×10^{23} 个水分子；

1mol CO_2 中约含有 6.02×10^{23} 个二氧化碳分子；

1mol H^+ 中约含有 6.02×10^{23} 个氢离子；

1mol OH^- 中约含有 6.02×10^{23} 个氢氧根离子。

需要注意的是，在使用摩尔这个单位时，必须明确指明微粒的种类，如 0.5mol N、1mol H_2、2mol Na^+ 等。

1mol ^{12}C 的质量是 12g，而 1mol ^{12}C 所含碳原子数为 6.02×10^{23} 个，这样通过物质的量就把可称物质的质量与微观粒子的数目联系起来。

应用物质的量这个物理量来计量物质的多少，在科学技术上十分方便。在化学反应中，从化学反应方程式中可以直接得到反应物和生成物之间原子、分子或离子等微粒数目的比值，从而可以得出它们之间的物质的量之比。例如：

	$2H_2$	+	O_2 ══	$2H_2O$
微粒数目	2个		1个	2个

扩大 6.02×10^{23} 倍	$2\times6.02\times10^{23}$ 个	6.02×10^{23} 个	$2\times6.02\times10^{23}$ 个
物质的量	2mol	1mol	2mol

又如：

$$2NaOH + H_2SO_4 = Na_2SO_4 + 2H_2O$$

2mol　　1mol　　1mol　　2mol

因此，在化学方程式中，反应物和生成物的化学计量系数之比，等于反应物和生成物的物质的量之比。

二、摩尔质量

1mol 不同的物质含有微粒的数目相同，但由于不同微粒本身的质量各不相同，所以 1mol 不同物质的质量也是不相同的。

科学上规定 1mol ^{12}C 的质量是 12g（即 0.012kg）。由此，我们可以推知 1mol 任何原子的质量。例如，1 个 ^{12}C 跟 1 个 H 的质量比是 12∶1，1mol C 跟 1mol H 含有的原子数相同，1mol ^{12}C 的质量是 12g，那么 1mol H 就是 1g。

同理可以推知，1mol O 的质量是 16g，1mol Na 的质量是 23g，1mol H_2O 的质量是 18g，1mol NaCl 的质量是 58.5g 等。

对于离子来说，由于电子的质量过于微小，失去或得到电子的质量可以略去不计。因此，1mol Na^+ 的质量仍然是 23g，1mol OH^- 的质量是 17g，1mol Cl^- 的质量是 35.5g。

通过以上分析，我们可以看出，1mol 任何离子或物质的质量，以克为单位时，在数值上与该微粒的相对原子质量或相对分子质量相等。

我们将单位物质的量的物质所具有的质量叫作该物质的摩尔质量。摩尔质量的符号为 M，常用的单位是克每摩，符号 g/mol。例如，Na 的摩尔质量为 23g/mol，NaCl 的摩尔质量为 58.5g/mol，SO_4^{2-} 的摩尔质量为 96g/mol。

物质的物质的量（n，单位为 mol）、质量（m，单位为 g）和摩尔质量（M，单位为 g/mol）之间的关系可以用下式表示：

$$n=\frac{m}{M}$$

知道了上述关系式中的任意两个量时，就可以求出另一个量。

【例题 3-1】 36g 水的物质的量是多少？

解 已知水的相对分子质量为 18，所以水的摩尔质量为 $M(H_2O)=18g/mol$。

则有 $n(H_2O)=\frac{m(H_2O)}{M(H_2O)}=\frac{36g}{18g/mol}=2mol$

答：36g 水的物质的量是 2mol。

【例题 3-2】 2.5mol Fe 的质量是多少？

解　已知 Fe 的相对原子质量是 56，所以 Fe 的摩尔质量 $M(\mathrm{Fe})=56\mathrm{g/mol}$。

则有

$$m(\mathrm{Fe})=n(\mathrm{Fe})\times M(\mathrm{Fe})=2.5\mathrm{mol}\times 56\mathrm{g/mol}=140\mathrm{g}$$

答：2.5mol Fe 的质量是 140g。

【例题 3-3】 中和 1.2mol 氢氧化钠需要硫酸的物质的量是多少？

解　设需要硫酸的物质的量为 x mol。

$$\begin{array}{llll} H_2SO_4 + & 2NaOH = & Na_2SO_4 + & 2H_2O \\ 1\mathrm{mol} & 2\mathrm{mol} & & \\ x\ \mathrm{mol} & 1.2\mathrm{mol} & & \end{array}$$

$$1:x=2:1.2$$

$$x=\frac{1.2\times 1}{2}=0.6(\mathrm{mol})$$

答：中和 1.2mol 氢氧化钠需要硫酸的物质的量是 0.6mol。

阅读

国际单位制的 7 个基本物理量

国际单位制（international system of units，SI）是国

际计量大会（CGPM）采纳和推荐的一种一贯单位制。在国际单位制中，将单位分成三类：基本单位、导出单位和辅助单位。国际单位制的 7 个基本物理量及其单位如表 3-1所示。

表 3-1　国际单位制的 7 个基本物理量及其单位

物理量名称	物理量符号	单位名称	单位符号
长度	L	米	m
质量	m	千克(公斤)	kg
时间	t	秒	s
电流	I	安[培]	A
热力学温度	T	开[尔文]	K
物质的量	n	摩[尔]	mol
发光强度	I_v	坎[德拉]	cd

练习题

一、填空题

1. 摩尔是__________的单位，1mol 任何物质中含有的微粒数约为__________。

2. KOH 的相对分子质量为__________，它的摩尔质量为__________。

3. 2mol H_2SO_4 的质量是__________，其中含有__________mol O，含有__________mol H。

二、判断题

1. 71g 氯相当 2mol 氯。（　）

2. 某物质含有阿伏加德罗常数个微粒，则该物质的质量就是1mol。(　)

3. H_2SO_4的摩尔质量是98g。(　　)

4. 摩尔是物质的量的单位。(　)

三、计算下列各物质的物质的量

1. 28g CO　　2. 22g CO_2

3. 1kg S　　4. 100g $CaCO_3$

四、跟含8g氢氧化钠的溶液起反应生成盐，需用下列酸各多少摩尔？

1. HCl　　2. H_2SO_4

第二节 物质的量浓度

学习目标

1. 熟悉浓度的各种表示方法，掌握物质的量浓度的概念。

2. 掌握物质的量浓度与质量分数之间的换算。

3. 能够运用物质的量浓度的概念解决溶液反应中的问题。

在生产和科学实验中，经常会用到溶液。我们在初中化学里学习过了表示溶液组成的物理量——溶液中溶质的质量分数，它是用溶质的质量和溶液的质量之比来表示溶液中溶质的浓度的。但是，我们在实验时，常需要按照反应方程式所示的比例准确加入反应物质。为了方便，我们学习另一种表示溶液组成的物理量——物质的量浓度。

一、物质的量浓度

以单位体积溶液中所含溶质 B 的物质的量来表示溶液组成的物理量，叫作溶质 B 的物质的量浓度，其符号为 c_B，常用的单位是 mol/L。例如：1L NaOH 溶液中含有 1mol NaOH，则这种溶液的物质的量浓度就是 1mol/L。

在一定物质的量浓度的溶液中，溶质 B 的物质的量（n_B，单位为 mol）、溶液体积（V，单位为 L）和溶质的物质的量浓度（c_B，单位为 mol/L）之间的关系可以用下式表示：

$$\text{物质的量浓度}=\frac{\text{溶质的物质的量}}{\text{溶液的体积}}$$

$$c_B=\frac{n_B}{V}$$

二、溶液浓度的换算

市售的许多液体试剂，常常只标明密度和质量分数，如浓硫酸的密度为 1.84g/cm^3，质量分数为 98%；浓盐酸的密度为1.19g/cm^3，质量分数为37%等。而在实际工作中，往往要用到物质的量浓度，因而需要进行换算。

质量分数（w）与物质的量浓度（c，单位为mol/L）之间可通过溶液的密度（ρ，单位为g/cm^3）进行换算，其换算公式为：

$$c=\frac{\rho\times w\times 1000}{M}$$

【例题3-4】 市售浓硝酸的密度为1.38g/cm^3，质量分数为62%，求浓硝酸的物质的量浓度。若将此浓硝酸100mL稀释至400mL，则得到的硝酸浓度是多大？

解

$$c=\frac{\rho\times w\times 1000}{M}=\frac{1.38\times 62\%\times 1000}{63}=13.6(\text{mol/L})$$

浓硝酸由100mL稀释至400mL，体积发生了变化，但溶液中溶质的物质的量不变。设稀释前后硝酸的物质的量浓度分别为c_1、c_2，稀释前后硝酸的体积分别为V_1、V_2，则可得出以下的稀释公式：

$$c_1V_1=c_2V_2$$

稀释后硝酸的物质的量浓度应为：

$$c_2=\frac{c_1V_1}{V_2}=\frac{13.6\times 100}{400}=3.4(\text{mol/L})$$

答：浓硝酸的物质的量浓度为13.6mol/L。稀释后的硝酸浓度为3.4mol/L。

三、物质的量浓度的计算

【例题 3-5】 计算要配制 0.1mol/L 100mL 的氢氧化钠溶液所需氢氧化钠的质量是多少？

解 要配制 0.1mol/L 100mL 的氢氧化钠溶液，所需 NaOH 的物质的量为：

$$n(\mathrm{NaOH})=c(\mathrm{NaOH})V(\mathrm{NaOH})$$
$$=0.1\mathrm{mol/L}\times 0.1\mathrm{L}=0.01\mathrm{mol}$$

所需 NaOH 的质量为：

$$m(\mathrm{NaOH})=n(\mathrm{NaOH})M(\mathrm{NaOH})$$
$$=0.01\mathrm{mol}\times 40\mathrm{g/mol}=0.4\mathrm{g}$$

答：要配制 0.1mol/L100mL 的 NaOH 溶液需 0.4g NaOH。

【例题 3-6】 将 26.5g 碳酸钠加水溶解后稀释至 500mL，问该碳酸钠溶液的物质的量浓度是多少？

解 碳酸钠的摩尔质量 $M(\mathrm{Na_2CO_3})=106\mathrm{g/mol}$，则 26.5g 碳酸钠的物质的量为：

$$n(\mathrm{Na_2CO_3})=\frac{m(\mathrm{Na_2CO_3})}{M(\mathrm{Na_2CO_3})}=\frac{26.5}{106}=0.25(\mathrm{mol})$$

由此可得碳酸钠溶液物质的量浓度为：

$$c(\mathrm{Na_2CO_3})=\frac{n(\mathrm{Na_2CO_3})}{V}=\frac{0.25}{0.5}=0.5(\mathrm{mol/L})$$

答：该碳酸钠溶液的物质的量浓度为0.5mol/L。

阅读

配制500mL 0.1mol/L的碳酸钠溶液

用天平称量5.3g无水碳酸钠固体，把称量好的碳酸钠放在干净的烧杯里，用适量蒸馏水使它完全溶解。把烧杯中的溶液沿玻璃棒小心地注入500mL的容量瓶中。用蒸馏水洗涤烧杯内壁2～3次，把每次洗下来的溶液都小心注入容量瓶中。轻轻振荡容量瓶里的溶液使混合均匀，然后缓缓地把蒸馏水直接注入容量瓶，直到液面接近刻度2～3cm处，改用胶头滴管加蒸馏水到溶液的凹液面正好

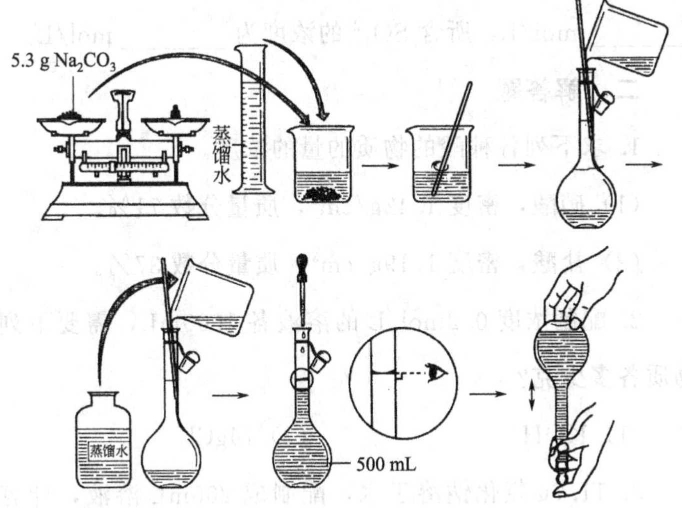

图3-1 500mL 0.1mol/L的碳酸钠溶液的配制

跟刻度线相切。把容量瓶塞好，反复上下颠倒，摇匀。这样配制成的溶液就是500mL 0.1mol/L 的碳酸钠溶液。整个配制过程如图3-1所示。

练习题

一、填空题

1. 配制2L 1.5mol/L 的 Na_2SO_4 溶液需要固体 Na_2SO_4 ________g。

2. 0.3mol/L 的 200mL $BaCl_2$ 的溶液中所含的 $BaCl_2$ 的物质的量是________mol，$BaCl_2$ 的质量是________g。

3. 0.5mol/L H_2SO_4 中所含 H^+ 离子的浓度为________mol/L，所含 SO_4^{2-} 的浓度为________mol/L。

二、解答题

1. 求下列各种酸的物质的量的浓度。

（1）硝酸，密度 $1.42g/cm^3$，质量分数71%。

（2）盐酸，密度 $1.19g/cm^3$，质量分数37%。

2. 配制浓度0.2mol/L 的溶液各1000mL，需要下列物质各多少克？

（1）KOH　　　　（2）$MgCl_2$

3. 11.7g 氯化钠溶于水，配制成200mL溶液，计算所得溶液中溶质的物质的量浓度。

4. 中和含 4g NaOH 的溶液，用去盐酸 35mL，计算这种盐酸的物质的量浓度。

第三节 ▶▶ 化学平衡

学习目标

1. 了解化学反应速率的概念和影响化学反应速率的因素。

2. 理解可逆反应和化学平衡的概念。

3. 掌握化学平衡移动的原理并初步学会根据溶液条件的变化推断化学平衡移动的方向。

认识物质间的化学反应，除了知道物质之间能否发生反应外，还需了解反应进行的快慢（即化学反应速率）和反应进行的程度（即化学平衡）。

一、化学反应速率及其影响因素

1. 化学反应速率

各种化学反应的速率不同，有快有慢。例如炸药爆炸、酸碱中和反应可在一瞬间完成，而石油的形成却要经过百万年的时间。研究并控制化学反应速率，对工业生产有重要意义，如金属的冶炼、尿素的生产等进行得越快越好，而金属的锈蚀、药品的变质、橡胶的老化等则进行得越慢越好。

化学反应速率用单位时间内反应物浓度的减少或生成物浓度的增加来表示。常用单位为 mol/(L·s) 或 mol/(L·min)。

2. 影响化学反应速率的因素

化学反应速率的快慢，首先决定于反应物的性质，如在室温下钠和水能发生激烈反应，而镁和水的反应就相当缓慢。此外，几乎所有化学反应的速率都受到外界因素（如浓度、压强、温度、催化剂等）的影响。

(1) 浓度的影响

大量实验表明，在一定温度下，增加反应物的浓度，可以加快反应速率。如物质在纯氧中燃烧要比在空气中燃烧快得多：把快要熄灭的木条放入纯氧瓶中，火柴重新复燃。这些现象是因为纯氧中的氧气浓度比空气中大，从而加快了反应速率。

(2) 压强的影响

实验表明，当其他条件不变时，对于有气态物质参加的反应：增大压强，化学反应速率加快；降低压强，化学反应速率减慢。

在一般情况下，一定量气体的体积与其压强成反比，如果气体的压强增大到原来的 2 倍，则气体的体积就缩小到原来的一半，单位体积内的分子数就增加到原来的 2 倍，浓度就增大为原来的 2 倍。也就是说，增大气体的压强，就是增大气体的浓度，因而增大了化学反应速率。

当参加反应的物质是固体或液体时，由于改变压强对它们的浓度改变很小，因而可以认为压强的改变不影响其化学反应速率。

(3) 温度的影响

当其他条件不变时，绝大多数的化学反应速率随温度的升高而增大。实验结果表明，温度每升高 10℃，化学反应速率一般增大到原来的 2～4 倍。

许多化学反应都是在加热情况下发生的，例如在常温下氢气和氧气几乎不反应，但在 600℃时反应极快，并发生猛烈爆炸。实验室和工业生产中常用加热的方法来加快化学反应速率，提高生产率。而有时则采取降低温度的方法来减缓化学反应速率，如化学试剂和药物应贮藏在阴凉处，以免变质。

(4) 催化剂的影响

催化剂能改变其他物质所进行的化学反应速率，而本身的组成和质量在反应前后保持不变。

【实验 3-1】 在试管中加入 3% 的过氧化氢 (H_2O_2) 溶液 5mL，几乎无气泡产生，在试管中加入少量二氧化锰（MnO_2）后，反应剧烈地进行，有大量气体产生。

在这个反应中，二氧化锰起催化剂的作用，加快了过氧化氢的分解。

$$2H_2O_2 \xlongequal{MnO_2} 2H_2O + O_2\uparrow$$

催化剂具有选择性，某一种催化剂通常只能对某些特定的化学反应起催化作用。例如硫酸工业中，SO_2氧化生成SO_3时，可选用V_2O_5作催化剂。

催化剂只能改变化学反应速率，但不能使不发生反应的物质之间起反应。

除此之外，光、超声波、反应物颗粒的大小等也能影响化学反应的速率。

二、化学平衡

1. 不可逆反应与可逆反应

化学反应一般可分为不可逆反应和可逆反应两种类型。例如氯酸钾受热分解为氯化钾和氧气的反应就是不可逆反应，目前无法用氯化钾和氧气来合成氯酸钾。但大多数反应是可逆的，例如在高温条件下，可以将混合的一氧化碳和水蒸气转变为二氧化碳和氢气，同时二氧化碳和氢气也可在同样条件下生成一氧化碳和水蒸气。这种在同一条件下，正反两个方向的反应可同时进行的反应，称为可逆反应。

$$CO+H_2O \rightleftharpoons CO_2+H_2$$

习惯上，我们把按照反应式从左到右发生的反应叫正反应，从右到左发生的反应叫逆反应。

2. 吸热反应与放热反应

化学反应都伴随着能量的变化。这种能量的变化，通常主要表现为热能的形式，即有吸热或放热的现象发生。放出热量的反应叫作放热反应。吸收热量的反应叫作吸热反应。例如：

$$2NO_2(g) \rightleftharpoons N_2O_4(g)+Q \quad (+Q \text{ 表示放热})$$

$$C(s)+CO_2 \rightleftharpoons 2CO-Q \quad (-Q \text{ 表示吸热})$$

对于一个可逆反应来说，若正反应是放热（或吸热）反应，则逆反应是吸热（或放热）反应。

3. 化学平衡

对于一个可逆化学反应，反应开始时，由于反应物浓度大，正反应速率较大；但当生成物生成后，就产生了逆反应，开始时逆反应速率最小。随着反应的进行，一方面反应物浓度逐渐降低，正反应速率随之逐渐减小；另一方面生成物浓度逐渐增大，逆反应速率也随之逐渐增大。当反应进行到一定程度，必然存在某一时刻达到正、逆反应速率相等（如图 3-2 所示）。此时，只要外界条件不变，反应物浓度和生成物浓度不再随时间变化。这时反应所处的状态，称为化学平衡状态，简称化学平衡。

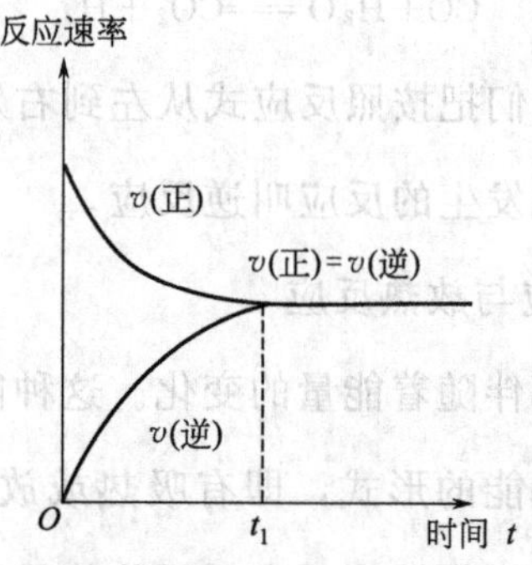

图 3-2 可逆反应的正逆反应时间变化图

化学平衡的主要特点：

①“逆” 只有在恒温条件下，封闭体系中进行的可逆反应，才能建立化学平衡。

②“等” 反应处于平衡状态时，正、逆反应速率相等（$v_{正}=v_{逆}$）。

③“定” 反应处于平衡状态时，各成分的浓度不再随时间改变（不改变≠相等）。

④“动” 化学平衡是暂时的、相对的、有条件的动态平衡（$v\neq0$），只要外界条件不变，可逆反应无论从正反应还是逆反应开始，都可建立同一平衡状态。

⑤“变” 当外界条件改变时，原平衡被破坏，可逆反应将在新条件下建立新的化学平衡。

4. 影响化学平衡移动的因素

化学平衡是相对的、暂时的、有条件的，当外界条件改变时，正、逆反应速率不再相等，原平衡就被破坏，直到在新的条件下重新建立起新的平衡为止。在新平衡状态下，反应物和生成物的浓度与原平衡时的浓度是不相等的。这种从一种条件下的平衡状态转变到另一种条件下的平衡状态的过程，称为化学平衡的移动。影响化学平衡移动的因素有浓度、温度、压强等。

（1）浓度的影响

在一个化学平衡体系中，当其他条件不变时，若增加反应物（或减少生成物）浓度，平衡向正反应方向移动；若增加生成物（或减少反应物）浓度，平衡向逆反应方向移动。

（2）温度的影响

在一个化学平衡体系中，当其他条件不变时，若升高温度，平衡向吸热反应方向移动；若降低温度，平衡向放热反应方向移动。

（3）压强的影响

对于反应前后气体总体积（或气体分子总数）不相等的化学平衡来说，在其他条件不变时，增大压强，平衡向气体体积缩小（或分子总数减少）的方向移动；减少压强，平衡向气体体积增大（或分子总数增加）的方向移动。

例如工业上合成氨的反应为：

$$N_2(g)+3H_2(g) \rightleftharpoons 2NH_3(g)+Q$$

当此反应达到平衡后：

① 若增加较廉价的氮气或减少氨气的量，则平衡将向正反应方向移动，从而提高合成氨的产率。

② 若降低温度，则平衡将向正反应方向移动。但是温度过低时化学反应速率降低，不利于提高合成氨的效率。

③ 若增大压强，平衡将向正反应方向移动。

需要强调指出的是：对于反应前后气体总体积（或气体分子总数）不变的可逆反应，压强对化学平衡移动没有影响。

例如：

$$N_2(g)+O_2(g) \rightleftharpoons 2NO(g)+Q$$

对于无气体参与的可逆反应，由于压强对固体和液体的体积影响很小，因此，改变压强也不会使化学平衡移动。

此外，催化剂能同时提高正逆反应速率，从而缩短可逆反应建立平衡所需的时间，但不影响化学平衡的移动。

总之，在已建立平衡的可逆反应中，若改变影响平衡的某种条件（浓度、温度、压强），平衡则向着能够减弱这种改变的方向移动，这个规律称为勒夏特列原理（或化学平衡移动原理）。

阅读

化学模拟生物固氮

NH_3和许多铵盐都是重要的化学肥料，这是因为N是构成植物细胞蛋白质、叶绿素的一种基本元素，也是农作物生长的主要营养元素之一。虽然空气中的N_2占78%，但不是所有生物都能直接利用它。如能将N_2变成铵态的氮，就能被植物吸收。要把H_2和空气中的N_2转变为NH_3，需要有耐高温、高压的器材和设备以及大量的动力等。那么能不能在常温、常压条件下，把空气中的N_2转变为铵态氮呢？多年来，人们曾进行了大量的努力，希望在温和条件下实现氨的合成，但一直没有成功。然而，某些豆科植物如大豆、三叶草和紫花苜蓿等的根部有根瘤菌共生，根瘤菌中含有具有特殊催化能力的酶，能起固氮作用，即摄取空气中的N_2并使它转化为NH_3等，为植物直接吸收利用，这就叫作生物固氮。

生物固氮是在常温、常压下进行的。实际上，地球上的N_2的固定，绝大部分是通过生物固氮进行的。据不完全统计，全世界工业合成氮肥中的氮只占固氮总质量的20%。那么，人们能不能向大自然学到这种本领呢？这就需要研究如何模拟生物的功能，把生物固氮的原理用于化学工业生产，借以改善现有的并创造崭新的化学工艺流程。如果化学模拟生物固氮成功，把实验室规模的“仿生固氮”发展为工业规模的固氮，不仅可以大大提高氮肥生产工业的效率，促进农业生产，同时还会对很多化学工业产生深远的影响。无论是生物固氮或是化学模拟固氮，都是21世纪的热点研究领域。

练习题

一、填空题

1. 某一条件的改变（其他条件不变时）将如何影响化学反应速率和化学平衡，将答案填在表内空格里。

条件的改变	化学反应速率	化学平衡
增大反应物的浓度		
增大容器中气体的压强		
升高温度		
使用适当的催化剂		

2. 某温度下，反应 $A+2B \rightleftharpoons 2C$ 达到平衡，根据下列描述及备选答案填空。

（1）升高温度时，C的量增加，这个反应是______。（放热反应、吸热反应）

（2）如果增加A的浓度，那么______。（C的量会增加、B的量会增加、平衡不移动）

(3) 如果 A、B、C 均为气体，达到平衡时，减少压强，那么________。(平衡不移动、平衡向正方向移动、平衡向逆方向移动)

二、下列反应达到平衡时：

$$2NO+O_2 \rightleftharpoons 2NO_2(g)+Q$$

如果 (1) 升高温度；(2) 增大压强；(3) 加入催化剂；(4) 在增加 O_2 浓度的同时，减少 NO_2 浓度，平衡向何处移动？

第四节 ▶▶ 电离平衡

学习目标

1. 了解电解质和非电解质的概念。
2. 掌握强电解质、弱电解质的概念。
3. 理解弱电解质电离平衡的特点。

一、电解质和非电解质

在化学上，根据化合物在水溶液中或在熔融状态下能否导电，通常将化合物分为电解质和非电解质两类。把在水溶液中或在熔融状态下能够导电的化合物称为电解质；

在水溶液中或在熔融状态下不能导电的化合物称为非电解质。酸、碱、盐都是电解质，它们在水溶液中或在熔融状态下能够导电。而像酒精、蔗糖、甘油等物质是非电解质，它们在同样条件下不能导电。

电解质的导电现象是由于带电粒子做定向移动而产生的。电解质在水溶液中或受热熔化时，在水或热的作用下，会解离为自由移动的离子，这些离子在外加电场的作用下产生定向移动而产生了导电现象。电解质在水溶液中或在熔融状态下解离为自由移动离子的过程称为电解质的电离。电解质之所以能电离，一方面是由其结构所决定的，另一方面溶剂或热的作用也是电解质电离不可缺少的条件。电解质一般是以离子键或共价键相结合的。在水和热的作用下，电解质中的化学键断裂而能电离为自由移动的离子；而非电解质在同样条件下不能电离，所以它仍然以分子的形式存在。

二、强电解质和弱电解质

电解质溶液虽然都能导电，但是，在相同的条件下，不同电解质溶液的导电能力是不是一样呢？我们用图 3-3 中所示的装置对不同电解质的导电性进行研究。

容器中依次装入等体积的 1mol/L 盐酸和醋酸，接通电源，观察到装入醋酸溶液时灯泡的亮度比装盐酸溶液时暗得多，也就是说醋酸溶液的导电能力比盐酸溶液差。由于溶液的导电能力与溶液中存在自由移动的离子的浓度有关，因此说明在体积和浓度相同的情况下，醋酸溶液中能自由移动的离子数目一定比盐酸溶液里的少。这表明醋酸和盐酸溶液的电离程度是不同的。

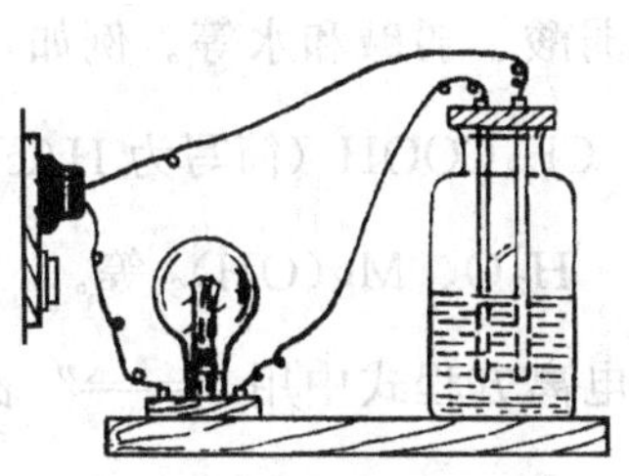

图 3-3　电解质导电装置

相似的实验可以证实：在浓度和体积相同时，氢氧化钠溶液中的离子浓度比氨水中的离子浓度大得多。

通常，把在水溶液中能完全电离成自由移动离子的电解质，叫作强电解质。常见的强电解质有强酸、强碱和绝大多数盐类。例如：

强酸：H_2SO_4、HNO_3、HCl 等。

强碱：$NaOH$、KOH、$Ba(OH)_2$ 等。

大部分盐类：Na_2SO_4、$NaCl$ 等。

表示电解质电离过程的式子，叫作电离方程式。在强电解质的电离方程式中，一般用“══”表示完全电离。例如：

$$NaCl = Na^{+} + Cl^{-}$$

$$KOH = K^{+} + OH^{-}$$

由于强电解质在水溶液中完全电离，自由移动的离子浓度大，所以溶液的导电性强。

在水溶液中只有部分电离的电解质叫作弱电解质。常见的弱电解质有弱酸、弱碱和水等。例如：

弱酸：H_2S、CH_3COOH（简写为 HAc）、H_2CO_3 等。

弱碱：$NH_3 \cdot H_2O$、$Mg(OH)_2$ 等。

弱电解质的电离方程式中用“$\rightleftharpoons$”表示其电离过程的可逆性。例如：

$$HAc \rightleftharpoons H^{+} + Ac^{-}$$

$$NH_3 \cdot H_2O \rightleftharpoons NH_4^{+} + OH^{-}$$

由于弱电解质在水溶液中仅部分电离，自由移动的离子浓度小，所以溶液的导电性弱。

三、弱电解质的电离平衡及电离平衡常数

在弱电解质溶液中，电离过程具有可逆性：一方面弱电解质的分子电离成阳离子和阴离子；另一方面，阳离子和阴离子由于互相碰撞又重新结合成弱电解质分子。当这两个过程的速率相等时，分子和离子间达到了动态平衡。这种由于弱电解质在电离过程中建立起来的动态平衡，称为电离平衡。

电离平衡和化学平衡一样，平衡时溶液中离子的浓度和分子的浓度都保持不变，且其离子浓度和分子浓度的比值是常数，称为电离平衡常数，简称电离常数。以醋酸为例，其电离方程式和电离常数表达式分别是：

$$HAc \rightleftharpoons H^+ + Ac^-$$

$$K_a = \frac{c(H^+)c(Ac^-)}{c(HAc)}$$

式中，$c(H^+)$ 和 $c(Ac^-)$ 分别表示平衡时溶液中氢离子和醋酸根离子的浓度；$c(HAc)$ 表示平衡时未电离的醋酸分子的浓度。K_a 就是醋酸的电离常数。通常用 K_a 表示弱酸的电离常数，用 K_b 表示弱碱的电离常数。

从电离常数表达式可以看出，电离常数越大，则表明该电解质越容易电离。根据不同弱电解质溶液电离常数（表 3-2）的不同可区分其相对强弱。例如，醋酸和氢氰酸都是弱酸，醋酸的电离常数为 1.79×10^{-5}，氢氰酸的电离常数为 4.93×10^{-10}，说明氢氰酸是比醋酸更弱的酸。

表 3-2　不同弱电解质溶液的电离常数

电解质	分子式	电离常数
醋酸	HAc	$K_a = 1.79 \times 10^{-5}$
氢氰酸	HCN	$K_a = 4.93 \times 10^{-10}$
氢氟酸	HF	$K_a = 3.53 \times 10^{-4}$
氨水	$NH_3 \cdot H_2O$	$K_b = 1.79 \times 10^{-5}$

续表

电解质	分子式	电离常数
碳酸	H_2CO_3	$K_{a1}=4.3\times10^{-7}$ $K_{a2}=5.6\times10^{-11}$
亚硫酸	H_2SO_3	$K_{a1}=1.54\times10^{-2}$(18℃) $K_{a2}=1.02\times10^{-7}$(18℃)
氢硫酸	H_2S	$K_{a1}=9.1\times10^{-8}$(18℃) $K_{a2}=1.1\times10^{-12}$(18℃)

对于弱电解质溶液来说，电离常数与浓度无关，只随温度的变化而变化。但由于电离常数随温度的变化不大，故在常温时，可以不考虑温度对电离常数的影响。

对多元弱酸来说，电离是分步进行的，在这里不予讨论。

阅读

弱电解质的电离度

为了定量表示弱电解质在溶液中电离程度的大小，经常使用电离度这个概念。电离度就是当弱电解质在溶液里达到电离平衡时，已经电离的分子数占原有分子总数的百分比。电离度用符号 α 表示。

$$电离度(\alpha)=\frac{已电离的电解质分子数}{溶液中原有电解质分子总数}\times100\%$$

电离度的大小可以表明弱电解质在溶液中的电解程度，

电离度越大，说明弱电解质越易电离。电离度的大小不仅和电解质的本性有关，还和溶液的浓度、温度等有关。同一种电解质，溶液越稀，离子互相碰撞而结合成分子的机会越少，电离度就越大；同时温度越高，电离度就越大。

练习题

填空题

1. 在水溶液中________的电解质叫作强电解质；________的电解质叫作弱电解质。

2. 下列物质中属于强电解质的是________，属于弱电解质的是________，不属于电解质的是________。

(1) 铜　(2) 甲烷　(3) 硫化氢　(4) 醋酸

(5) 磷酸　(6) 氨水　(7) 盐酸　(8) 硫酸

(9) 氢氧化钠　(10) 氯化钠

3. 醋酸中存在如下电离平衡：

$$HAc \rightleftharpoons H^+ + Ac^-$$

(1) 加酸，平衡向________移动。

(2) 加碱，平衡向________移动。

(3) 加 NaAc，平衡向________移动。

4. 根据弱酸的电离常数判断①醋酸②氢氰酸③氢氟酸，电离能力由强到弱的顺序依次为________。

第五节 ▶▶ 水的电离和溶液的pH

学习目标

1. 了解水的电离情况，理解溶液的酸碱性。

2. 掌握用pH量度溶液酸碱性的方法。

一、水的电离

根据精确的实验证明，水是一种极弱的电解质，它能微弱地电离生成H^+和OH^-。

$$H_2O \rightleftharpoons H^+ + OH^-$$

实验测得，在25℃时，1L纯水中只有1×10^{-7} mol H_2O电离，因此纯水中H^+浓度和OH^-浓度都是1×10^{-7}mol/L，在一定温度时，$c(H^+)$与$c(OH^-)$的乘积是一个常数，叫作水的离子积常数，简称水的离子积，通常把它写作K_w，即：

$$c(H^+)c(OH^-)=K_w$$

水的离子积是一个很重要的常数，它反映了一定温度下的水中H^+浓度和OH^-浓度之间的关系。在温度为25℃时，水中H^+浓度和OH^-浓度都是1×10^{-7}mol/L，所以

$$K_w=c(H^+)c(OH^-)=1\times10^{-7}\times1\times10^{-7}=1\times10^{-14}$$

二、溶液的酸碱性和 pH

在常温时，由于水的电离平衡的存在，不仅是纯水，就是在酸性或碱性的稀溶液里，H^+ 浓度和 OH^- 浓度的乘积也总是 1×10^{-14}。在中性溶液里，H^+ 浓度和 OH^- 浓度相等，都是 1×10^{-7} mol/L；在酸性溶液里不是没有 OH^-，而是溶液中的 H^+ 浓度比 OH^- 浓度大；在碱性溶液里也不是没有 H^+，而是溶液中的 OH^- 浓度比 H^+ 浓度大。

常温时，溶液的酸碱性与 $c(H^+)$ 和 $c(OH^-)$ 的关系可以表示如下：

中性溶液　$c(H^+)=c(OH^-)=1\times10^{-7}$ mol/L

酸性溶液　$c(H^+)>c(OH^-)$，$c(H^+)>1\times10^{-7}$ mol/L

碱性溶液　$c(H^+)<c(OH^-)$，$c(H^+)<1\times10^{-7}$ mol/L

溶液中的 $c(H^+)$ 越大，溶液的酸性越强；$c(H^+)$ 越小，溶液的酸性越弱。

我们经常要用到一些 $c(H^+)$ 很小的溶液，如 $c(H^+)$ 为 1×10^{-9} mol/L 的溶液等，用这样的量来表示溶液的酸碱性的强弱很不方便。为此，化学上常采用 pH 来表示溶液酸碱性的强弱：

$$pH=-\lg\{c(H^+)\}$$

例如，纯水的 $c(H^+)=1\times10^{-7}$ mol/L，纯水的

pH 为：

$$pH=-\lg\{c(H^+)\}=-\lg(1\times10^{-7})=7$$

1×10^{-2} mol/L HCl 溶液中，$c(H^+)=1\times10^{-2}$ mol/L，其 pH 为：

$$pH=-\lg\{c(H^+)\}=-\lg(1\times10^{-2})=2$$

1×10^{-2} mol/L NaOH 溶液中，$c(OH^-)=1\times10^{-2}$ mol/L，其 pH 的计算如下：

$$c(H^+)=\frac{K_w}{c(OH^-)}=\frac{1\times10^{-14}}{1\times10^{-2}}=1\times10^{-12}$$

$$pH=-\lg\{c(H^+)\}=-\lg(1\times10^{-12})=12$$

在中性溶液中：$c(H^+)=1\times10^{-7}$ mol/L，pH=7。

在酸性溶液中：$c(H^+)>1\times10^{-7}$ mol/L，pH<7。

在碱性溶液中：$c(H^+)<1\times10^{-7}$ mol/L，pH>7。

溶液的酸性越强，其 pH 越小；溶液的碱性越强，其 pH 越大。$c(H^+)$、pH 与溶液酸碱性的关系如图 3-4 所示。

图 3-4 $c(H^+)$、pH 与溶液酸碱性的关系

当溶液的 $c(H^+)$ 或 $c(OH^-)$ 大于 1mol/L 时，用 pH 表示溶液的酸碱性并不简便。例如，一些溶液的 $c(H^+)$ 与 pH 的关系如下所示：

$c(H^+)$	1mol/L	2mol/L	4mol/L	6mol/L
pH	0	−0.3	−0.6	−0.8

所以，当溶液的 $c(H^+)$ 大于 1mol/L 时，一般不用 pH 来表示溶液的酸碱性，而是直接用 H^+ 浓度来表示。

测定 pH 值的方法很多，最常用的简便方法是使用广泛 pH 试纸。使用时只要把被测溶液滴在 pH 试纸上，将试纸所呈现的颜色和已知 pH 值的标准颜色卡比较，即能确定被测溶液的 pH。

阅读

pH 与人类社会

掌握 pH 的概念，对于学习专业知识非常必要。例如在农业生产中，农作物一般适宜在 pH 等于 7 或接近 7 的土壤里生长。在 pH 小于 4 的酸性土壤或 pH 大于 8 的碱性土壤里，农作物一般都难于生长，因此，需要定期测量土壤的酸碱性。有关部门也需要经常测定雨水的 pH。当雨水的 pH 小于 5.6 时，就成为酸雨，它将对生态环境造成危害。动物的生长发育与体液的 pH 也有密切关系。如静脉注射液的 pH 应与血液的 pH 近似，否则会引起酸中毒或碱中毒。

练习题

一、醋酸水溶液、氨水溶液和盐酸溶液中都存在有哪些离子、分子？

二、有 A、B、C 三种溶液，其中 A 溶液的 pH 值为 9，B 溶液的 $c(H^+)=10^{-5}$ mol/L，C 溶液的 $c(OH^-)=10^{-1}$ mol/L，哪种溶液的酸性最强？

第六节 ▶▶ 溶液中的离子反应

学习目标

1. 掌握离子反应的书写步骤。
2. 理解离子反应发生的条件。

一、离子反应和离子方程式

通过前面的学习，我们已经知道，电解质在溶液中能全部或部分电离为离子，因此，电解质在溶液中的化学反应本质上是离子之间的反应。

通常把有离子参加的反应称为离子反应。例如在 NaCl 溶液中加入 $AgNO_3$ 溶液时，立即生成 AgCl 白色沉淀，这是 Ag^+ 与 Cl^- 离子反应的结果。而溶液中的 Na^+ 和 $NO_3{}^-$ 没有参加反应，仍然存在于溶液中。该反应可用下式表示：

$$Ag^+ + Cl^- \longrightarrow AgCl \downarrow$$

这种用实际参加反应的离子符号表示化学反应的式子叫离子方程式。

离子方程式表示了该反应的本质，它不仅表示一定物质间的某个化学反应，而且还表示了同一类化学反应。例如 KCl 溶液与 $AgNO_3$ 溶液的反应，生成 AgCl 沉淀，其离子方程式也是：

$$Ag^+ + Cl^- \longrightarrow AgCl \downarrow$$

只要是可溶性银盐和氯化物在溶液中反应，其实质都是 Ag^+ 和 Cl^- 结合生成 AgCl 沉淀的反应。

书写离子方程式可按如下步骤进行：

① 根据化学反应写出反应方程式。

② 将反应前后易溶的强电解质写成离子形式，难溶物、弱电解质以及气体物质仍以化学式表示。

③ 删去两边未参加反应的离子。

④ 检查反应式两边各元素的原子个数和电荷总数是否相等。

例如书写碳酸钠溶液与盐酸反应的离子方程式：

第一步 $Na_2CO_3 + 2HCl \longrightarrow 2NaCl + H_2O + CO_2 \uparrow$

第二步　$2Na^+ + CO_3^{2-} + 2H^+ + 2Cl^- = 2Na^+ + 2Cl^- + H_2O + CO_2\uparrow$

第三步　$CO_3^{2-} + 2H^+ = CO_2\uparrow + H_2O$

第四步　检查左右两边各元素原子个数是否相等，电荷总数是否相等。

二、离子互换反应发生的条件

离子反应可分为氧化还原反应和非氧化还原反应，非氧化还原的离子反应也叫离子互换反应。离子互换反应的条件总结如下：

(1) 生成沉淀

例如，$BaCl_2$ 溶液与 Na_2SO_4 溶液的反应：

$$BaCl_2 + Na_2SO_4 = BaSO_4\downarrow + 2NaCl$$

离子反应方程式为

$$Ba^{2+} + SO_4^{2-} = BaSO_4\downarrow$$

(2) 生成弱电解质

例如，硫酸和氢氧化钠的中和反应：

$$H_2SO_4 + 2NaOH = Na_2SO_4 + 2H_2O$$

离子反应方程式为

$$H^+ + OH^- = H_2O$$

(3) 生成气体

例如，碳酸钙与盐酸反应：

$$CaCO_3+2HCl \xlongequal{} CaCl_2+CO_2\uparrow+H_2O$$

离子反应方程式为：

$$CaCO_3+2H^+ \xlongequal{} Ca^{2+}+CO_2\uparrow+H_2O$$

只要具备上述三个条件之一，离子互换反应就可进行，否则便不能进行。如将 Na_2SO_4 溶液与 KCl 溶液混合，溶液中 Na^+、SO_4^{2-}、K^+ 和 Cl^- 不能相互结合生成沉淀或弱电解质或气体，离子反应便不能进行。

离子反应除了上面以离于互换形式进行的复分解反应外，还有其他类型的反应，如有离子参加的置换反应：

$$Zn+CuSO_4 \xlongequal{} ZnSO_4+Cu$$

离子反应方程式为：

$$Zn+Cu^{2+} \xlongequal{} 2Zn^{2+}+Cu$$

阅读

离子能否共存的判断

所谓几种离子在溶液中能大量共存，就是指这些离子之间不发生任何化学反应。若离子之间能发生反应则不能大量共存。这里指的反应不仅包括诸如生成沉淀、生成气体、生成弱电解质等的非氧化还原反应，也包括能发生的氧化还原反应。

判断离子是否共存，要注意附加隐含条件的限制。例如，若溶液为无色透明，则肯定不存在有色离子（Cu^{2+}蓝色、Fe^{3+}棕黄色、Fe^{2+}浅绿、MnO_4^-紫色）；若为强碱溶液，则一定不存在能与 OH^- 反应的离子，如 Al^{3+}、Fe^{3+}、Cu^{2+}及酸式根离子（如 HCO_3^-）等；若为强酸性溶液，则一定不存在能与 H^+ 反应的离子，如弱酸根离子（如 CO_3^{2-}）等。

练习题

一、下列各组物质的溶液哪些能发生反应？写出化学反应方程式和离子方程式。

1. 盐酸和碳酸钠
2. 硝酸钾和氯化钙
3. 三氯化铁和氢氧化钠

二、下列离子方程式中，哪些正确？哪些不正确？不正确的请改正。

1. 氢氧化铝与盐酸反应：$H^+ + OH^- = H_2O$
2. 氢氧化钡与硫酸反应：$H^+ + OH^- = H_2O$
3. 氯化铵与氢氧化钠反应：$NH_4^+ + OH^- = NH_3\uparrow + H_2O$

第四章 重要元素及其化合物

前面第二章我们学习了元素周期表和元素周期律的相关知识，我们知道在元素周期表中包含了许多金属和非金属元素。这些元素在自然界中以不同的形式存在，具有不同的特性和作用。本章重点介绍一些自然界中常见的金属和非金属元素。

第一节 硫及其化合物

学习目标

1. 了解硫的性质。

2. 掌握 H_2S、SO_2、浓 H_2SO_4 的性质并了解其用途。

3. 掌握 SO_4^{2-} 的检验方法。

在元素周期表的右侧，与惰性气体和卤族元素相邻的第ⅥA族元素称之为氧族元素，这一族包含氧（O）、硫

(S)、硒(Se)、碲(Te)、钋(Po)等元素。其中，钋为金属放射性元素，这里不做讨论；碲为准金属；氧、硫、硒是典型的非金属元素。在标准状况下，除氧单质为气体外，其他元素的单质均为固体。

表 4-1　氧族元素的原子结构和单质的物理性质

项目		氧	硫	硒	碲
元素符号		O	S	Se	Te
核电荷数		8	16	34	52
原子半径/nm		0.074	0.102	0.116	0.143
单质	颜色	无色	黄色	灰色	银白
	状态	气体	固体	固体	固体
	熔点/℃	−218.4	112.8	217	452
	沸点/℃	−183	444.6	684.9	1390
	密度/(g/cm^3)	1.43g/L(固体)	2.07	4.81	6.25

从表 4-1 中可以看出氧族元素的物理性质随着核电荷数的增加而发生变化，它们的熔点、沸点逐渐升高，密度逐渐增大。此外，由于氧族元素最外层电子数均为 6，在化学反应中，它们容易从别的原子处得到 2 个电子，表现出氧化性。随着原子半径的增加，原子对外层电子的吸引力逐渐减弱，金属性逐渐增强。

氧元素和硫元素是氧族元素中具有代表性的元素，其中氧元素大家已经非常熟知，本节只对硫元素及其化合物做重点介绍。

一、硫的性质及用途

硫元素广泛存在于自然界中。海洋、大气和地壳乃至动植物体内，都含有硫元素。它主要以游离态和化合态存在。硫有许多不同的化合价，常见的有−2、0、+4、+6等。在自然界中它经常以硫化物或硫酸盐的形式出现，纯的硫单质主要出现在火山地区。

1. 硫的物理性质

硫单质俗称硫黄。通常状况下，它是一种黄色或淡黄色的固体，很脆，易研成粉末。硫不溶于水但溶于二硫化碳（CS_2），微溶于酒精。熔点和沸点都不高。纯的硫呈浅黄色，质地柔软、轻，粉末有臭味。硫有多种同素异形体，常见的有斜方硫和单斜硫，如图4-1所示。

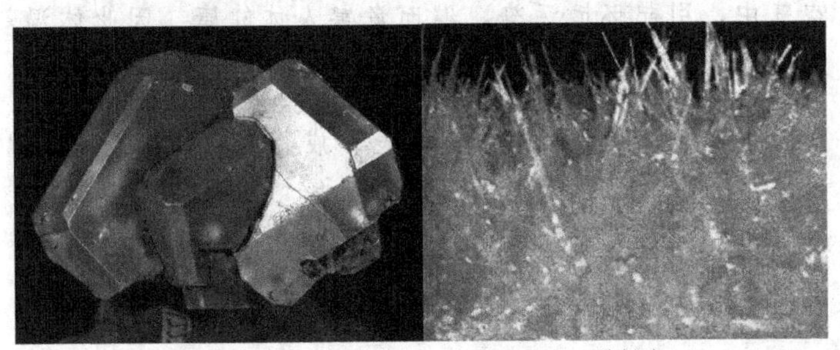

斜方硫　　单斜硫

图4-1　硫的同素异形体

2. 单质硫的化学性质

硫的最外层有6个电子，与氧相似，化学性质比较活泼，容易与金属、氢气和非金属发生反应。

（1）与金属的反应

铜丝在硫蒸气中燃烧，生成黑褐色的硫化亚铜（Cu_2S）：

$$2Cu + S \xlongequal{\triangle} Cu_2S(黑褐色)$$

硫与铁单质反应生成硫化亚铁（FeS）：

$$Fe + S \xlongequal{\triangle} FeS(黑色)$$

在实验室，汞洒在地上，一般用硫粉来处理，反应式如下：

$$Hg + S = HgS(黑色)$$

知识拓展　不慎打碎体温计，如何处理？

体温计里装的一般是水银，水银有毒，如果不慎打碎体温计，水银外漏，洒落的水银就会散布到地面上、空气中，引起环境污染，继而危害人体健康。因此体温计打碎后，应先开窗通风，带好手套（橡胶手套，家里一般都有），注意别让金属手表、戒指等金属物体接触到水银。颗粒大的直接用硬纸片刮到一个瓶子里。然后在剩余的水银细粒上撒些硫黄粉末，水银和硫黄反应生成不易挥发的硫化汞，降低了危害。用湿润的纸擦、用胶带粘等方法，对清除汞有帮助。

（2）与非金属的反应

硫蒸气能与氢气直接化合生成硫化氢气体：

$$H_2+S \xlongequal{\triangle} H_2S$$

此外，硫在空气中点燃生成二氧化硫，火焰呈蓝色：

$$S+O_2 \xlongequal{点燃} SO_2$$

二、硫的重要化合物

1. 硫化氢（图 4-2）

硫化氢，分子式为 H_2S，相对分子质量为 34。

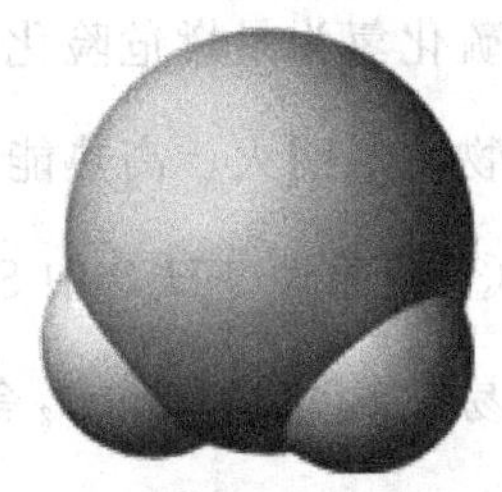

图 4-2　硫化氢的分子模拟图

(1) 物理性质

标准状况下是一种无色易燃有臭鸡蛋气味的酸性气体，有剧毒，密度比空气大，微溶于水。同时它也是一种重要的化学原料。

(2) 实验室制备

实验室常用硫化亚铁与稀硫酸或者稀盐酸反应制备硫化氢气体：

$$FeS+H_2SO_4(稀) \xlongequal{} FeSO_4+H_2S\uparrow$$

$$FeS+2HCl(稀) \xlongequal{} FeCl_2+H_2S\uparrow$$

(3) 化学性质

① 不稳定、受热易分解：

$$H_2S \xlongequal{\triangle} H_2+S$$

② 可燃性。氧气充足时，硫化氢充分燃烧，生成水和二氧化硫：

$$2H_2S + 3O_2 \xlongequal{\text{完全燃烧}} 2SO_2 + 2H_2O$$

氧气不充足时，硫化氢不充分燃烧，生成单质硫和水：

$$2H_2S + O_2 \xlongequal{\text{不完全燃烧}} 2S\downarrow + 2H_2O$$

硫化氢为易燃危险化学品，与空气混合能形成爆炸性混合物，遇明火、高热能引起燃烧爆炸。

③ 还原性。H_2S 中 S 是 -2 价，具有较强的还原性，很容易被 SO_2、Cl_2、O_2 等氧化：

$$2H_2S + SO_2 = 2H_2O + 3S\downarrow$$

④ 酸性。H_2S 水溶液叫氢硫酸，是一种二元弱酸，具有酸的通性，能与强碱反应。此外，它特别不稳定，在空气中久置会被空气中氧气氧化析出硫单质，使溶液变得浑浊，因此，氢硫酸要随用随制。

2. 二氧化硫

(1) 物理性质

二氧化硫（化学式：SO_2）是最常见的硫的氧化物，是一种无色有强烈刺激性气味的气体，密度比空气大，易溶于水，是大气主要污染物之一。火山爆发时会喷出该气体，在许多工业生产过程中也会产生二氧化硫。

（2）实验室制备

二氧化硫可以在硫黄燃烧的条件下生成：

$$S(s)+O_2(g)\xlongequal{点燃}SO_2(g)$$

（3）化学性质

① SO_2 与水的反应。二氧化硫是酸性氧化物，与水结合生成亚硫酸。亚硫酸是不稳定的二元弱酸，容易分解成水和二氧化硫。所以这是一个可逆反应，反应方程式如下：

$$SO_2+H_2O \rightleftharpoons H_2SO_3$$

② 与碱性氧化物反应。SO_2 具有酸性氧化物的通性能与碱性氧化物及碱发生反应：

$$SO_2+Na_2O \xlongequal{} Na_2SO_3$$

③ 与碱反应：

$$SO_2+2NaOH \xlongequal{} Na_2SO_3+H_2O$$

$$SO_2+NaOH \xlongequal{} Na_2HSO_3$$

④ SO_2 的催化氧化：

$$2SO_2+O_2 \xlongequal{\triangle} 2SO_3$$

SO_3 是一种无色固体，熔点（16.8℃）和沸点（44.8℃）都较低。SO_3 与 H_2O 反应生成 H_2SO_4，同时放出大量的热。

$$SO_3+H_2O \xlongequal{} H_2SO_4$$

在工业生产上，常利用上面这个反应制造硫酸。

⑤ 漂白性。SO_2 能漂白某些有色物质，还可使品红

溶液褪色。SO_2 溶于水后形成亚硫酸（H_2SO_3），亚硫酸与有色物质结合，生成不稳定化合物，使颜色褪去。加热后不稳定化合物分解，物质又恢复为原来的颜色。可以利用这一现象来检验 SO_2 的存在。

⑥ SO_2 既有氧化性又有还原性，但以还原性为主。SO_2 有较强的还原性，能与氯水、溴水、$KMnO_4$ 溶液等发生氧化还原反应而使其褪色。这与 SO_2 使品红褪色的原理是不同的，体现的是 SO_2 的强还原性而不是漂白性。只有遇到强还原剂时，SO_2 才表现出氧化性。

知识拓展　　食物中的二氧化硫

二氧化硫是无机化学防腐剂中很重要的一位成员。二氧化硫被用于食品加工已有几个世纪的历史，最早的记载是在罗马时代用做酒器的消毒。后来，它被应用于制造果干、果脯时的熏硫漂白；还可用于葡萄等水果的保鲜贮藏等。二氧化硫在食品中可显示多种技术效果：①可将它作为漂白剂使用；②二氧化硫还具有还原作用，可以抑制氧化酶的活性，并且能与糖发生反应，可以防止食物发生褐变，所以能起到防腐保鲜的作用；③SO_2能够阻断微生物的生理氧化作用，防止微生物对食品产生不良影响。总之，二氧化硫在食品中能够发挥多种作用。

3. 硫酸

(1) 物理性质

纯硫酸一般为无色油状液体，密度 1.84 g/cm³，沸点 337℃，能与水以任意比例互溶，同时放出大量的热。当稀释浓硫酸时，如果把水加入到浓硫酸中，硫酸溶解放出的热量会使加入的水剧烈沸腾，甚至产生迸溅，可能引发安全事故。所以应把浓硫酸倒入水中，并不断搅拌。

(2) 化学性质

① 吸水性　浓 H_2SO_4 具有吸收现成的水（如气体中、液体中的水分子，以及固体中的结晶水等）的性能，原因是 H_2SO_4 分子与水分子可形成一系列稳定的水合物。但需要注意的是：稀 H_2SO_4 不具有吸水性。

浓硫酸的吸水性决定了浓硫酸有一个相应的重要用途——作吸水剂或干燥剂。浓硫酸是一种干燥效率很高的、常用的干燥剂。

② 脱水性　脱水是指浓硫酸脱去非游离态水分子，或按照水的氢氧原子组成比脱去有机物中氢氧元素的过程。就硫酸而言，脱水性是浓硫酸的性质，而非稀硫酸的性质。浓硫酸有脱水性且脱水性很强。物质被浓硫酸脱水的过程是化学变化。反应时，浓硫酸按水分子中氢氧原数的比（2∶1）夺取被脱水物中的氢原子和氧原子或脱去非游离态的结晶水，如使五水硫酸铜（$CuSO_4 \cdot 5H_2O$）变

为无水硫酸铜。可被浓硫酸脱水的物质一般为含氢、氧元素的有机物，其中蔗糖、木屑、纸屑和棉花等物质中的有机物，被脱水后生成了黑色的炭，这种过程称作炭化。一个典型的炭化现象是蔗糖的“黑面包”反应。

【实验 4-1】 在200mL烧杯中放入20g蔗糖，加入适量水，搅拌均匀。然后再加入15mL质量分数为98%的浓硫酸，迅速搅拌，观察实验现象。

可以看到蔗糖逐渐变黑，体积膨胀，形成疏松多孔的海绵状的炭，反应放热，还能闻到刺激性气体。反应方程式如下：

$$C_{12}H_{22}O_{11} \xrightarrow{浓H_2SO_4} 12C + 11H_2O$$

同时进行碳与浓硫酸的反应：

$$C + 2H_2SO_4(浓) = CO_2\uparrow + 2SO_2\uparrow + 2H_2O$$

趣味化学　木器或竹器上刻花（字）法

用毛笔蘸取质量分数为5%的稀硫酸在木器（或竹器）上画花或写字。晾干后把木（竹）器放在小火上烘烤一段时间，用水洗净，在木（竹）器上就得到黑色或褐色的花样或字迹。

这是因为稀硫酸在加热时成为浓硫酸，具有强烈的脱水性，使纤维素失水而炭化，故呈现黑色或褐色。洗去多余的硫酸，在木（竹）器上就得到黑色或褐色的花或字。

③ 强氧化性 当硫元素处于最高价态时，含有这种价态硫元素的物质具有较强的氧化性，浓硫酸就是一种强的氧化剂，能够与许多物质发生氧化反应。例如，在加热时浓硫酸可与铜、木炭分别发生下列氧化反应：

$$2H_2SO_4(\text{浓})+Cu \xlongequal{\triangle} CuSO_4+SO_2+2H_2O$$

$$2H_2SO_4(\text{浓})+C \xlongequal{\triangle} CO_2\uparrow+2SO_2\uparrow+2H_2O$$

④ 与钡盐产生不溶性沉淀

【实验 4-2】 在三支分别盛有 Na_2SO_4、Na_2SO_3、Na_2CO_3 溶液的试管里各滴入 3 滴 $BaCl_2$ 溶液，观察现象。倾去上面的清液后再在三支试管中分别加入 1mL 稀盐酸或稀硝酸，振荡试管，观察现象。

从实验中可以看出，加入 $BaCl_2$ 溶液后三支试管均产生白色沉淀，其反应分别为：

$$Na_2SO_4+BaCl_2 \xlongequal{} BaSO_4\downarrow+2NaCl$$

$$Na_2SO_3+BaCl_2 \xlongequal{} BaSO_3\downarrow+2NaCl$$

$$Na_2CO_3+BaCl_2 \xlongequal{} BaCO_3\downarrow+2NaCl$$

加入稀盐酸或稀硝酸后，$BaSO_4$ 白色沉淀不消失，而 $BaSO_3$ 和 $BaCO_3$ 白色沉淀消失并且有无色气体产生。根据 $BaSO_4$ 不溶于水也不溶于稀盐酸或稀硝酸的性质，可用可溶性钡盐的溶液和稀盐酸或稀硝酸来检验硫酸根离子的存在。

阅读

酸雨的危害

当前，在人类面临的环境问题中，酸雨肆虐是跨越国界的全球性的灾害。酸雨是指 pH 值小于 5.6 的雨水、冻雨、雪、雹、露等大气降水。大量的环境监测资料表明，由于大气层中的酸性物质增加，地球大部分地区上空的云水正在变酸，如不加控制，酸雨区的面积将继续扩大，给人类带来的危害也将与日俱增。现已确认，大气中的二氧化硫和二氧化氮是形成酸雨的主要物质。美国测定的酸雨成分中，硫酸占60%，硝酸占32%，盐酸占6%，其余是碳酸和少量有机酸。大气中的二氧化硫和二氧化氮主要来源于煤和石油的燃烧，它们在空气中氧化剂的作用下形成溶解于雨水的酸。据统计，全球每年排放进大气的二氧化硫约 1 亿吨，二氧化氮约 5000 万吨。所以，酸雨主要是由人类生产活动和生活造成的。

目前，全球已形成三大酸雨区。在我国主要覆盖四川、贵州、广东、广西、湖南、湖北、江西、浙江、江苏等地区，面积达 200 多万平方公里，是世界三大酸雨区之一。我国酸雨区面积扩大之快、降水酸化率之高，在世界上是罕见的。世界上另两个酸雨区是以德、法、英等国为中心、波及大半个欧洲的西欧酸雨区和包括美国、加拿大在内的北美酸雨区。这两个酸雨区的总面积大约为1000多万平方公里，降水的 pH 值小于 0.5，有的甚至小于 0.4。

酸雨给地球生态环境和人类社会经济都带来严重的影响和破坏。研究表明，酸雨对土壤、水体、森林、建筑、名胜古迹等均带来严重危害，不仅造成重大经济损失，更危及人类生存和发展。酸雨使土壤酸化，肥力降低，有毒物质更毒害作物根系，杀死根毛，导致作物发育不良或死亡。酸雨还杀死水中的浮游生物，减少鱼类食物来源，破坏水生生态系统。酸雨污染河流、湖泊和地下水，直接或间接危害人体健康。酸雨对森林的危害更不容忽视，酸雨通过淋洗植物表面直接伤害植物，或通过土壤间接伤害植物，促使森林衰亡。酸雨对金属、石料、水泥、木材等建筑材料均有很强的腐蚀作用，因而对电线、铁轨、桥梁、房屋等均会造成严重损害。在酸雨区，酸雨造成的破坏比比皆是，触目惊心。如在瑞典的 9 万多个湖泊中，已有 2 万多个遭到酸雨危害，4 千多个成为无鱼湖。美国和加拿大许多湖泊成为死水，鱼类、浮游生物，甚至水草和藻类均一扫而光。北美酸雨区已发现大片森林死于酸雨。德、法、瑞典、丹麦等国已有 700 多万公顷森林正在衰亡，我国四川、广西等地有 10 多万公顷森林也正在衰亡。世界上许多古建筑和石雕艺术品遭酸雨腐蚀而严重损坏，如我国的乐山大佛、加拿大的议会大厦等。最近发现，北京卢沟桥的石狮和附近的石碑，五塔寺的金刚宝塔等均遭酸雨侵蚀而严重损坏。

酸雨是由大气污染造成的，而大气污染是跨越国界的全球性问题，所以酸雨是涉及世界各国的共同灾害，需要世界各国齐心协力，共同治理。

练习题

一、填空题

氧族元素位于元素周期表的第______族，包括（用元素符号表示）______、______、______、______、______等元素。

二、选择题

1. 下列说法不正确的是（　　）。

A. 硫是一种淡黄色的能溶于水的固体

B. 硫在自然界中仅以化合态存在

C. 硫与铁反应生成硫化亚铁

D. 硫在空气中的燃烧产物是二氧化硫

2. 关于二氧化硫说法不正确的是（　　）。

A. 能使有些有色物质褪色

B. 无色，有刺激性气味，有毒

C. 既有氧化性又有还原性

D. 不溶于水

3. 浓硫酸具有（ ）。

A. 吸水性　　B. 脱水性

C. 强氧化性　　D. ABC叙述的都正确

第二节 氮、磷及其氧化物

学习目标

1. 熟悉氮族元素单质的物理性质。

2. 掌握氮、磷及其化合物的物理及化学性质。

3. 掌握 NH_4^+ 和 PO_4^{3-} 离子的检验。

氮族元素是元素周期表第VA族的元素，包括氮（N）、磷（P）、砷（As）、锑（Sb）、铋（Bi）等元素。

氮族元素原子结构特点是：原子的最外层电子层上都有5个电子，这就决定了它们均处在周期表中第ⅤA族。随着原子序数的增加，它们的电子层数逐渐增多，原子半径逐渐增大，最终导致原子核对最外层电子的作用力逐渐减弱，使得：原子获得电子的趋势逐渐减弱，元素的非金属性逐渐减弱；原子失去电子的趋势逐渐增强，元素的金属性逐渐增强。例如砷虽是非金属，却已表现出某些金属性，而锑、铋已明显表现出金属性。它们的最高正价均为+5价，若能形成气态氢化物，则它们均显−3价，气态氢化物化学式可用 RH_3 表示。最高氧化物的化学式可用 R_2O_5 表示，其对应水化物为酸。第VA族中的大部分是非金属元素。氮族元素的原子结构和单质的物理性质如表4-2所示。

表4-2 氮族元素的原子结构和单质的物理性质

项目		氮	磷	砷	锑	铋
元素符号		N	P	As	Sb	Bi
核电荷数		7	15	33	51	83
原子半径/nm		0.075	0.110	0.121	0.141	0.152
单质	颜色	白色	白、红棕	灰白	银白	银白显微红
	状态	气体	固体	固体	固体	固体
	熔点/℃	−209.9	44.1;590	817	630.7	271.3
	沸点/℃	−195.8	280	613	1750	1560
	密度/(g/cm^3)	1.251	1.82;2.34	5.73	6.68	9.80

一、氮气

氮是一种地球上含量丰富的元素。除了以单质形式存在于大气中以外，氮元素也以化合物的形式存在于动植物体内、土壤和水体中。氮气是氮元素的单质，主要存在于大气中，约占大气总体积的78%。

1. 氮气的物理性质

单质氮在通常状况下是一种无色无臭的气体，密度比空气稍小，在标准情况下的气体密度是 1.25g/cm³，在水中的溶解度很小。氮气在极低温下会液化成白色液体，进一步降低温度时，会形成白色晶状固体。通常市场上供应的氮气都用黑色气体瓶保存。氮气不能燃烧，也不支持燃烧，不易溶于水（微溶）。

2. 氮气的化学性质

由于 N_2 分子中存在叁键 N≡N，所以 N_2 分子具有很大的稳定性，将它分解为原子需要吸收 941.69kJ/mol 的能量。N_2 分子是已知的双原子分子中最稳定的。但是在一定的条件下，如高温高压放电等，N_2 也能与 O_2、H_2、金属等物质发生化学反应。

（1）合成氨反应

在高温、高压、催化剂存在条件下，氮气和氢气可以直接化合生成氨，工业常利用这一原理合成氨。

$$3H_2 + N_2 \xrightleftharpoons[\text{催化剂}]{\text{高温高压}} 2NH_3$$

（2）与氧气反应

在温度超过 2000℃或者放电情况下，空气中的氮气能与氧气反应生成无色的一氧化氮气体。例如雷雨天时，大气中会有少量 NO。

$$O_2 + N_2 \xlongequal{\text{放电}} 2NO$$

NO 在常温下很容易与空气中 O_2 化合生成红棕色、

有刺激性气味的二氧化氮气体。

$$O_2 + 2NO = 2NO_2\text{（红棕色）}$$

NO_2是一种有毒的气体，易溶于水，与水反应生成HNO_3和NO。工业上利用这一反应制取硝酸。

$$3NO_2 + H_2O = 2HNO_3 + NO$$

知识拓展　　神奇的气体——笑气

开心的时候，我们会笑；觉得痒的时候，我们会笑，但同学们知不知道有一种被称作“笑气”的气体，闻一闻你就会笑了呢？

这种被称作“笑气”的气体就是氮元素的另一个家庭成员——一氧化二氮，分子式为N_2O。笑气是一种无色有甜味的气体，最早由英国化学家普利斯特利在1772年发现。它有麻醉作用，少量吸入后可迅速镇痛，且不会损伤心、肺、肝、肾等重要脏器的功能，因此这种气体在牙科领域多应用于麻醉功能。

虽然在医药领域有一定用途，但是笑气让人愉悦的另一面则隐藏着巨大的危害。过量吸入笑气会导致什么情况？据报道，人可能因为在吸入笑气时氧气过少而引起突然窒息。暴露于笑气中会短时间导致智力、视听能力、手的灵活度降低。长期接触可引起维生素B缺乏症，肌肉麻痹等。过量吸入“笑气”会使人失去意识，导致生命危险。

二、氨和铵盐

氨或称氨气，分子式为 NH_3，是一种无色气体，有强烈的刺激气味。密度比空气小，极易溶于水，常温常压下 1 体积水可溶解 700 倍体积氨。氨对地球上的生物相当重要，它是肥料的重要成分。氨有很广泛的用途，同时它还具有腐蚀性等危险性质。氨是世界上产量最多的无机化合物之一，80%的氨被用于制作化肥。

在实验室，常用加热铵盐和碱的混合物来制取氨气：

$$NH_4NO_3 + NaOH \xlongequal{\triangle} NaNO_3 + NH_3\uparrow + H_2O$$

1. 氨气的化学性质

(1) 氨水

NH_3 溶于水形成氨水，氨水电离生成铵根离子和氢氧根离子，使氨水显弱碱性，使湿润的红色石蕊试纸变蓝。同时，氨水不稳定，受热容易分解成氨气和水。

$$NH_3 + H_2O \rightleftharpoons NH_3 \cdot H_2O \rightleftharpoons NH_4^+ + OH^-$$

$$NH_3 \cdot H_2O \xlongequal{\triangle} NH_3 + H_2O$$

氨水（一水合氨，$NH_3 \cdot H_2O$）可腐蚀许多金属，一般若用铁桶装氨水，铁桶内应涂沥青。

(2) 氨与酸反应生成铵盐

【实验 4-3】 用图 4-3 所示的实验装置进行氯化氢气体与氨气的反应，甲、乙两烧杯里分别盛放浓盐酸和浓氨水，观察现象。

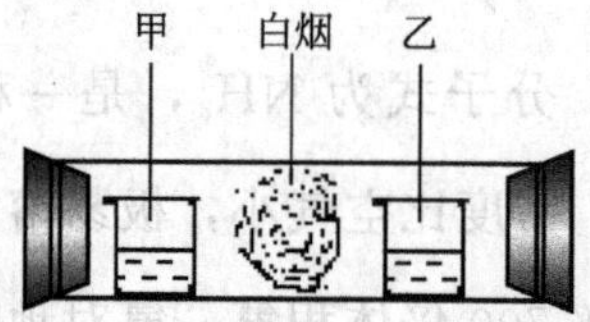

图 4-3　氨气和氯化氢反应装置图

通过观察，可以看到容器中有大量白烟生成，这是因为氯化氢气体和氨气发生反应合成了氯化铵，反应方程式如下：

$$NH_3 + HCl = NH_4Cl$$

2. 铵盐

铵盐由铵根离子（NH_4^+）和酸根离子组成，是含有 NH_4^+ 的化合物的总称。铵盐都是晶体，易溶于水。铵盐的主要特征之一就是受热易分解。

$$NH_4Cl \xlongequal{\triangle} NH_3\uparrow + HCl\uparrow$$

$$NH_4HCO_3 \xlongequal{\triangle} NH_3\uparrow + H_2O\uparrow + CO_2\uparrow$$

所有铵盐和碱反应都能放出氨气。反应产生的氨具有一种特殊的气味，能使湿润的红色石蕊试纸变蓝，因此可以利用这一个性质来检验铵根离子的存在。

3. 硝酸

硝酸分子式为 HNO_3，是一种强酸。纯硝酸为无色、易挥发、有刺激性气味的液体，沸点为 83℃，在 −42℃ 时凝结为无色晶体，与水混溶，有强氧化性和腐蚀性。含

HNO_3 质量分数 98%以上的，称为发烟硝酸。硝酸是一种重要的化工原料，在工业上可用于制化肥、农药、炸药、染料、盐类等。在有机化学中，浓硝酸与浓硫酸的混合液是重要的硝化试剂。

硝酸的化学性质主要有两点：

① 硝酸见光容易分解

$$4HNO_3 \xlongequal[\text{光照}]{\triangle} 4NO_2\uparrow + O_2\uparrow + 2H_2O$$

因此，一般将硝酸保存在棕色的试剂瓶中，放置在阴凉处。

② 硝酸具有强氧化性

硝酸具有很强氧化性，能与金、铂、钛以外的大多数金属反应，产物与硝酸的浓度有关。通常，浓硝酸与金属反应生成的气体主要是二氧化氮，稀硝酸与金属反应生成的气体主要是一氧化氮。

$$4HNO_3(\text{浓}) + Cu \xlongequal{} Cu(NO_3)_2 + 2NO_2\uparrow + 2H_2O$$

$$8HNO_3(\text{稀}) + 3Cu \xlongequal{} 3Cu(NO_3)_2 + 2NO\uparrow + 4H_2O$$

常温下，浓硝酸可使铁、铝表面形成致密的氧化膜而钝化，保护内部的金属不再与酸反应，所以可以用铝质或铁质容器盛放浓硝酸。

1 体积的浓硝酸和 3 体积的浓盐酸组成的混合溶液叫作王水，其氧化能力更强，能使一些不溶于水的金属如金、铂等溶解。

硝酸是强酸，又具有强的氧化性，对皮肤、衣物、纸张等都有腐蚀性。因此，使用硝酸时一定要小心，若不慎弄到皮肤上，要立即用水冲洗，再用小苏打或肥皂水冲洗。

三、磷

磷是第 15 号化学元素，在自然界中没有游离态的磷，主要以磷酸盐形式出现。磷在生物圈内的分布很广泛，在地壳中含量丰富，列前 10 位。磷广泛存在于动植物组织中，也是人体含量较多的元素之一，稍次于钙，排在第六位。约占人体重的 1%，成人体内约含有 600～900g 的磷。人体内磷的 85.7%集中于骨和牙，其余分布于全身各组织及体液中，其中一半存在于肌肉组织中。磷不但构成人体成分，而且参与重要的代谢过程，是很重要的一种元素。

1. 磷的主要单质及其物理性质

磷至少有 10 种同素异形体，其中主要的是白磷、红磷两种。它们结构不同，在性质上也有一定的差异（见表 4-3)。

表 4-3　白磷和红磷物理性质比较

项目	白磷	红磷
状态	蜡状固体	粉末状固体
颜色	白色	红色
密度/(g/cm^3)	1.82	2.34
毒性	剧毒	无毒
溶解性	不溶于水，易溶于 CS_2	不溶于水，不溶于 CS_2
着火点/℃	40	240

2. 磷单质的化学性质

白磷比红磷活泼。白磷的化学性质比较活泼，容易与其他物质反应。白磷的着火点比红磷低得多，当白磷受到轻微的摩擦或被加热到 40℃时，就会燃烧。即使在常温下，白磷在空气中也会缓慢氧化，氧化时发出白光，在暗处可以清楚地看见。所以白磷必须储存在密闭容器中，少量时可保存在水里。

(1) 相互转化

白磷和红磷在一定条件下可以相互转化。

$$\text{白磷} \underset{\text{加热到 416℃升华后,冷凝}}{\overset{\text{隔绝空气加热到 260℃}}{\rightleftharpoons}} \text{红磷}$$

(2) 氧化反应

白磷、红磷燃烧都生成唯一的产物——五氧化二磷，五氧化二磷是酸性氧化物，它能与热水反应生成磷酸。

$$4P + 5O_2 \xlongequal{\text{点燃}} 2P_2O_5$$

$$P_2O_5 + 3H_2O \xlongequal{\text{点燃}} 2H_3PO_4$$

(3) 与卤族元素的反应

磷在点燃条件下，能与 Cl_2 反应。

$$2P + 3Cl_2 \xlongequal{\text{点燃}} 2PCl_3$$

$$PCl_3 + Cl_2 \xlongequal{\text{点燃}} PCl_5$$

白磷和红磷还有许多用途。如白磷可以制造更高浓度的磷酸，还可以制造燃烧弹和烟幕弹；红磷可用于制造农药，还可以用于制造安全火柴。

3. 磷酸

纯磷酸（H_3PO_4）是无色透明的晶体，密度 1.83g/cm^3，熔点 42.4℃，具有吸水性，易溶于水。市售的磷酸是无色黏稠的液体，质量分数约 85%。磷酸是无毒、无挥发性、不显氧化性的中强酸，具有酸的通性。

磷酸是化学工业上的重要产品，主要用于制造磷肥。磷酸也是生产洗涤剂、发酵剂、硬水软化剂、动物辅助饲料等化工产品的一种重要原料。此外，在有机合成工业中，磷酸大量用作催化剂。在石油冶炼、制药、配置清凉饮料以及镶牙等方面，磷酸都有广泛的用途。

知识拓展 **“鬼火”**

在酷热的盛夏之夜，如果你耐心地去凝望那野坟墓较多的地方，也许你会发现有忽隐忽现的蓝色的星火之光。迷信的人们把这叫做“鬼火”。“鬼火”实际上是磷火，是一种很常见的自然现象。人体的骨骼里含有较多的磷化钙，人死了之后躯体埋在地下腐烂，发生着各种化学反应，磷由磷酸根状态转化为磷化氢。磷化氢是一种气体物质，燃点很低，在常温下与空气接触便会燃烧起来。这就是磷火，也就是人们所说的“鬼火”。

阅读

雷雨发庄稼

夏季的雨天，电闪雷鸣（图4-4）、乌云密布、大雨倾盆。据说有句农谚为“雷雨发庄稼”，仅从字面上看意思是：雷雨有助于庄稼的生长。这句话是否有其科学依据呢？在缺乏调查数据的情况下，一些研究者基于化学基础知识，对其科学原理进行了合理的推测。

空气的主要成分是氮气和氧气，二者在雷雨时的高压放电情况下，很容易发生反应生成一氧化氮，一氧化氮又很容易和氧气结合生成二氧化氮，二氧化氮溶解在雨水中，会形成很稀的硝酸。生成的硝酸随着雨水降落到大地，与土壤中的矿物质作用生成可溶解性的硝酸盐，为植物提供了氮肥。

图4-4 雷雨天电闪雷鸣

从氮气到硝酸的具体反应方程式是：

$$O_2 + N_2 \xlongequal{放电} 2NO$$

$$O_2 + 2NO \xlongequal{} 2NO_2$$

$$3NO_2 + H_2O \xlongequal{} 2HNO_3 + NO$$

至于雷雨对农作物吸收氮肥到底能有多大贡献，还有待调查数据证实。

练习题

一、填空题

1. 氮族元素位于元素周期表的第______族，包括（用元素符号表示）______、______、______、______、______等元素。

2. 磷单质最常见的同素异形体是______和______两种。磷在空气中燃烧可生成______，这种物质与热水反应可生成______。

二、选择题

1. 下列气体中，可溶于水的无色气体是（　　）。

A. N_2　　B. NO　　C. NO_2　　D. NH_3

2. 在实验室，储存在棕色瓶中的试剂是（　　）。

A. 浓硝酸　B. 浓盐酸　C. 浓硫酸　D. 氯化钠

3. 浓硝酸和浓盐酸体积比为（　　）时，组成的混合溶液叫作王水。

A. 3∶1　　B. 1∶1　　C. 1∶3　　D. 2∶3

第三节 镁、钙及其化合物

学习目标

1. 了解碱土金属的概念和相关的性质。

2. 了解镁、钙的性质。

3. 了解镁、钙重要化合物的物理性质，掌握它们的基本化学性质。

碱土金属指第ⅡA族的所有元素，包含铍（Be）、镁（Mg）、钙（Ca）、锶（Sr）、钡（Ba）、镭（Ra）等元素。碱土金属在自然界均有存在，前五种含量相对较多，镭为放射性元素，由玛丽·居里（M. Curie）和皮埃尔·居里（P. Curie）在沥青矿中发现。

碱土金属的单质为银白色（铍为灰色）固体，容易同空气中的氧气作用，在表面形成氧化物，失去光泽而变暗。它们的原子有两个价电子，形成的金属键较强，熔、沸点较相应的碱金属要高。单质的还原性随着核电荷数的递增而增强。

碱土金属的硬度略大于碱金属，但是均可用刀子切割，新切出的断面有银白色光泽，但在空气中迅速变暗。其密度也都大于碱金属，但仍属于轻金属。

碱土金属的导电性和导热性能较好。具有很好的延展性，可以制成许多合金。碱土金属在化合物中是以+2的氧化态存在。

一、镁和钙的单质

镁是一种轻质有延展性的银白色金属，在宇宙中含量排位第八，在地壳中含量排位第七，是重要的轻金属之一。具有延展性，能与热水反应放出氢气，燃烧时能产生炫目的白光。金属镁能与大多数非金属和差不多所有的酸化合。

钙元素在自然界分布广，以化合物的形态存在，如石灰石、白垩、大理石、石膏、磷灰石等；也存在于血浆和骨骼中，并参与凝血和肌肉的收缩过程。

镁受热时，剧烈燃烧，同时发出强烈的白光，所以镁是制造明弹的重要材料。

$$2Mg + O_2 \xlongequal{燃烧} 2MgO$$

钙燃烧时，放出大量的热，火焰呈砖红色，可以利用焰色反应来鉴别钙盐和钙。

$$2Ca + O_2 \xlongequal{燃烧} 2CaO$$

钙和镁都能和水反应放出氢气。钙能与冷水发生反应；镁的活泼性不如钙，在沸水中才能起反应。

$$Ca + 2H_2O = Ca(OH)_2 + H_2\uparrow$$

$$Mg + 2H_2O \xlongequal{\triangle} Mg(OH)_2\downarrow + H_2\uparrow$$

钙和镁还可以与卤素、硫等反应生成卤化物或硫化物；可以与稀硝酸反应，生成相应的盐并放出氢气。只不过在同等条件下，钙与稀硝酸反应比镁容易，比较剧烈。

工业上常利用镁制成的轻质合金来制造飞机、汽车仪表、海底电缆、电子计算机部件。同时镁也是合成叶绿素不可缺少的元素。钙在冶金工业中用做还原剂和净化剂，还可以做有机溶剂的脱水剂，它与铅的合金可作轴承材料。

二、镁、钙的化合物

1. 镁的化合物

① 氧化镁　氧化镁是（MgO）是一种松软的白色粉末状物质，不溶于水。熔点 2850℃，常用作耐火材料，如用于制造坩埚、耐火砖、高温炉等。

② 氢氧化镁　氢氧化镁［$Mg(OH)_2$］是一种白色粉末状物质，微溶于水，属于中强碱。在造纸工业上常用它来作填充材料，也可作牙膏中的添加剂和牙粉中的摩擦剂等。

③ 氯化镁　氯化镁（$MgCl_2$）是一种无色、味苦、溶

于水、有潮解性的晶体。粗盐中含有少量的氯化镁（$MgCl_2 \cdot 6H_2O$）。纺织工业上利用氯化镁的强吸水性来保持棉线的湿度而使之柔软。氯化镁还可以用来制造高温的镁水泥。

2. 钙的化合物

① 氧化钙　氧化钙（CaO）是白色块状或粉末状固体，俗名生石灰，能溶于水生成氢氧化钙。

$$\underset{\text{生石灰}}{CaO} + H_2O = \underset{\text{熟石灰}}{Ca(OH)_2}$$

氧化钙多用于建筑工程。

② 氢氧化钙　氢氧化钙是一种白色粉末状固体，化学式 $Ca(OH)_2$，俗称熟石灰、消石灰。加入水后，呈上下两层，上层水溶液称作澄清石灰水，下层悬浊液称作石灰乳或石灰浆。上层的澄清石灰水可以用于检验二氧化碳，下层的石灰乳是一种建筑材料。氢氧化钙是一种二元强碱，具有碱的通性，对皮肤、织物有腐蚀性。氢氧化钙也常用作杀菌剂和化工原料等。

阅读

神奇的希腊火

公元7～8世纪，阿拉伯帝国派遣舰队攻打拜占庭帝国。在攻至君士坦丁堡时，拜占庭皇帝命令舰队出战，并使用一种神奇的燃料制成武器，进行火攻。这种燃料是液态的，可以漂浮在水面上燃烧，遇水时火势会更猛烈，并且很容易附着在敌人的衣服和舰船上。火攻使得阿拉伯舰队损失惨重，几乎全军覆没。拜占庭皇帝用这种方法，成功击退了阿拉伯海军，阻挡了阿拉伯帝国扩张的步伐。这次战争结束后，在海战中发挥了重大作用的“海上之火”，受到了极大的关注。饱受其苦的阿拉伯人称之为“罗马火”，后来欧洲人称之为“希腊火”。

据称希腊火是在668年被一个叫加利尼科斯的叙利亚工匠带往君士坦丁堡的。由于希腊火在海战中十分有效，为了防止敌人窥探到相关秘密，拜占庭皇室对其采取了十分严格的保密措施，以至于希腊火的配方在一段时间之后遗失了。后来阿拉伯人通过各种努力掌握了希腊火的秘密，并将其记录下来。

根据这些记载，现代化学家和历史学家推测希腊火的配方中可能包含原油、生石灰、硫黄等物质。1939年一位德国科学家根据阿拉伯人记载的配方进行试验，取得了成功，但却发现生石灰遇水产生的热，不足以点燃希腊火。于是有科学家推测，配方中应该还包括磷化钙。因为磷化钙遇水能够发生反应，释放出在潮湿状态下能自燃的磷化氢气体。

练习题

填空题

1. 钙在无色的火焰上灼烧时，可使火焰呈现______色，而镁在空气中燃烧时则产生强烈的______光。

2. 生石灰的化学式是______，熟石灰的化学式是______。

3. 生石灰与熟石灰相互转换方程式______________。

第四节 ▶▶ 铝及其化合物

学习目标

1. 了解硼族元素基本的物理性质。

2. 掌握铝及其化合物的物理性质和基本的化学性质。

硼族元素指元素周期表中第ⅢA族所有元素，包括硼(B)、铝（Al)、镓（Ga)、铟（In)、铊（Tl）等元素。硼族元素在自然界均有存在。铝为自然界分布最广泛的金属元素，在地壳中的含量仅次于氧和硅，居第三位，是地壳中含量最丰富的金属元素。铝在地壳中主要以铝硅酸盐矿石存在，还有铝土矿和冰晶石。主要应用于航空、建筑、汽车三大重要工业。

一、铝的物理性质

铝是银白色轻金属，有好的延展性、传热性和导电性。密度为 2.70g/cm^3，熔点 660℃，沸点 2467℃。

二、铝的化学性质

铝是活泼金属，在干燥空气中铝的表面立即形成致密的氧化膜，使铝不会进一步氧化并能耐水，但铝的粉末与空气混合则极易燃烧。铝是两性的，极易溶于强碱，也能溶于稀酸。

1. 氧化反应

铝粉或铝箔在氧气中加热，可以燃烧发出耀眼的白光，并且释放出大量的热。

$$4Al + 3O_2 \xlongequal{\text{点燃}} 2Al_2O_3$$

铝不仅能与空气中的氧气反应，还能与金属氧化物反应，同时释放出大量的热。此反应叫铝热反应。

$$8Al + 3Fe_3O_4 \xlongequal{\text{高温}} 4Al_2O_3 + 9Fe$$

用铝从金属氧化物中置换出金属的方法叫铝热法。铝粉和金属氧化物的混合物叫铝热剂。铝热法常用于冶炼高熔点的铬、锰等金属，以及焊接钢轨、器材。

2. 与酸反应

铝在冷的浓硫酸或浓硝酸中表面钝化，所以不发生化学反应，因此可以用铝制品贮存和运输浓硫酸或浓硝酸。

常温下，铝能置换稀酸中的氢。反应方程式如下：

$$2Al + 6HCl \xlongequal{} 2AlCl_3 + 3H_2\uparrow$$

$$2Al + 3H_2SO_4 \xlongequal{} Al_2(SO_4)_3 + 3H_2\uparrow$$

3. 与碱反应

铝和强碱反应生成偏铝酸盐和氢气：

$$2Al + 2NaOH + 2H_2O \xlongequal{} 2NaAlO_2 + 3H_2\uparrow$$

由于酸、碱、盐等可以直接腐蚀铝制品，所以铝制餐具不宜用来蒸煮或长时间存放具有酸性、碱性或咸味的食物。

知识拓展　　铝对人体健康的危害

铝一直被人们认为是无毒元素，因而铝制饮具、含铝蓬松剂发酵粉、净水剂等被大量使用。世界卫生组织（WHO）于1989年正式将铝确定为食品污染物。人体摄入铝后仅有10%～15%能排泄到体外，大部分会在体内蓄积，与多种蛋白质、酶等人体重要成分结合，影响人体的新陈代谢。同时人体中铝元素含量太高时，会影响肠道对钙、磷等元素的吸收。铝在肠道内形成不溶性磷酸铝随粪便排出体外，而缺磷又影响钙的吸收（没有足够的磷酸钙生成），可导致骨质疏松，容易发生骨折。因此，在日常生活中应注意如少吃油条及膨化食品；有节制使用铝制品，避免食物或饮用水与铝制品之间长时间接触。

三、铝的化合物

1. 氧化铝

氧化铝（Al_2O_3），是难溶于水的白色粉末，无臭、无味、质极硬，仅次于金刚石，易吸潮而潮解（灼烧过的不吸湿）。天然存在的氧化铝是无色晶体，俗称刚玉。有耐高温、抗腐蚀等优点，常用作研磨材料、坩埚制造、瓷器及耐火材料制作等。

氧化铝难溶于水，也不与水反应，但能与酸、碱反应，属于典型的两性氧化物。例如：

$$Al_2O_3+6HCl \longrightarrow 2AlCl_3+3H_2O$$

$$Al_2O_3+2NaOH \longrightarrow 2NaAlO_2+H_2O$$

2. 氢氧化铝

氢氧化铝 $Al(OH)_3$，是铝的氢氧化物。它是一种碱，由于又显一定的酸性，所以又可称之为铝酸（H_3AlO_3）。氢氧化铝是用量最大和应用最广的无机阻燃添加剂。在实验室常用铝盐和氨水制得。

$$Al_2(SO_4)_3+6NH_3\cdot H_2O \longrightarrow 2Al(OH)_3\downarrow+3(NH_4)_2SO_4$$

氢氧化铝是典型的两性氧化物，它既能与碱反应又能与酸反应。具体反应方程式为：

$$Al(OH)_3+NaOH \longrightarrow NaAlO_2+2H_2O$$

$$Al(OH)_3+3HCl \longrightarrow AlCl_3+3H_2O$$

氢氧化铝在工业上用于制备铝盐和纯氧化铝。医药上胃舒平的主要成分就是氢氧化铝，用来治疗胃溃疡及胃酸过多症。氢氧化铝还可以做净水剂。

3. 明矾

明矾 $[KAl(SO_4)_2 \cdot 12H_2O]$，即十二水硫酸铝钾，又称白矾。无色立方晶体，易溶于水，在水中完全电离生成 K^+、Al^{3+}、SO_4^{2-}。

$$KAl(SO_4)_2 = K^+ + Al^{3+} + 2SO_4^{2-}$$

明矾在水中电离产生的 Al^{3+} 与水发生水解反应，生成的胶状沉淀具有强烈的吸附性，因而明矾常用作净水剂。明矾还用在印染、造纸、食品和医药等工业。

阅读

膨化食品中的铝

膨松剂顾名思义就是指在焙烤食品加工中，添加于主要原料小麦粉中，并在加工过程中受热分解，产生气体，使面坯起发，形成致密多孔组织，从而使制品具有膨松、柔软或酥脆特性的一类物质。膨松剂有两大类：一类是生物膨松剂，即酵母；另一类是化学膨松剂，一般由碳酸盐类、磷酸盐类、铵盐和矾类等组成，又称为复合膨松剂、泡打粉、发泡粉、发酵粉。

铝则主要来自于化学膨松剂的矾类。其中我们最常见矾类的就是明矾。明矾是在化学膨松剂中应用最多的。(但是为啥不用无铝的膨松剂呢？市场上是有很多无铝膨松剂，但是一般无铝膨松剂的价格都是一般的含铝化学膨松剂的价格的三四倍。)

铝是不是人体所必需的微量金属元素，现在尚无定论。至少还没有发现过人体关于铝缺乏症的记录。但是如果食品中的铝含量很高的的话，铝就会在人体内蓄积，影响人体细胞的正常代谢，最易蓄积在脑组织内。铝蓄和量过高会引起神经系统的病变，干扰人的思维、意识和记忆功能，严重的可能导致痴呆症（研究证明老年痴呆症或精神异常患者的脑组织内的铝含量是正常人的 10～30 倍）。摄入过高的铝还可能造成钙流失，抑制骨生成而导致软骨症。若儿童在生长发育阶段，食用过量铝超标的食品，就可能会影响儿童的智力和身体发育。我国规定铝在食品中残留量必须小于等于 100mg/kg。人体内铝的主要来源大概有两个：一个是铝制的锅或其他器皿；另一个就是膨化食品。铝在进入人体消化系统的时候其中绝大部分都会排出体外，只有小部分会蓄积在体内的器官和组织中。当体内铝的蓄积达到一定量的时候就会出现相应的病症。

建议：在烹饪时不使用或少使用铝制器皿（尤其是

锅)；少吃含铝膨化剂的膨化食品（特别对儿童)；在制作面包、馒头、油条等食品时使用无铝膨松剂。

练习题

一、填空题

1. 硼族元素处于元素周期表中______族，包括______、______、______、______、______等(填写元素符号)。

2. 铝在地壳中的含量仅次于______和______，是含量最______的金属元素。

3. 氢氧化铝是______性氧化物，难溶于水，能与______和______反应。

4. 明矾［$KAl(SO_4)_2 \cdot 12H_2O$］在水中完全电离生成______、______和______。

二、氧化铝是典型的两性氧化物，能与酸和碱分别反应，请分别写出其与 NaOH 和与 HCl 的化学反应方程式。

第五章 烃

自然界里的物质是复杂多样的，根据物质的分子组成、结构特点和化学特性可以把它们分为两大类：无机化合物和有机化合物。前面介绍的金属、非金属及其化合物等都属于无机化合物。从本章开始，我们将系统地学习一些有机化合物的知识。

第一节 有机化合物概述

学习目标

1. 掌握有机化合物的概念。
2. 理解有机化合物的结构特点。
3. 掌握有机化合物的性质特点。

一、有机化合物的定义

有机化合物简称有机物，是与人类生活密切相关的物质。我们的衣、食、住、行都离不开有机物。如粮食、肉、蛋、奶、禽、蔬菜中的糖类、脂类、蛋白质和维生素是有机物；棉、麻、毛、丝的主要成分是有机物；汽油、柴油、天然气、沼气的主要成分是有机物；90％的药物都是有机物；高效、低毒、低残留的新型农药、生物肥及生化复合肥的主要成分是有机物。总之，有机化合物遍及国民经济、生产、生活的各个部门，我们生活在有机化学的世界里。

人们对有机化合物本质的认识经历了漫长的发展过程。19 世纪初期，当化学刚刚成为一门科学的时候，由于那时的有机化合物都是从有生命的动植物体中取得的，于是人们就认为：一切有机物只能从有生命的动植物体中提取，用人工方法是不能合成的。这就是当时盛行的“生命力”学说。人们把从动植物体内提取出来的物质取名为有机化合物，意为有“生机”的物质、有“生命”的物质。“生命力”学说的提出禁锢了当时人们的思想，阻碍了有机化学的发展。

直到 1828 年德国青年化学家武勒在实验室加热氰酸铵（NH_4CNO）制得了尿素，首次用人工方法从无机物制得了有机物，生命力学说第一次受到冲击，使坚持生命力学说的学者们开始动摇。此后，由于合成方法的改进和发展，越来越多的有机化合物不断地在实验室被中合成出来，人们又相继合成了醋酸、油脂、糖等有机物。至此，生命力学说被彻底否定，有机物和无机物之间不可逾越的鸿沟也消失了。现在，人们不但能够合成自然界里已有的许多有机物，而且能够合成自然界中原来没有的有机物，如合成纤维、合成橡胶、合成树脂和许多药物、农药、染料等。因此，“机化合物”这个名称已失去了它历史上的含义，只是因习惯一直沿用至今。

随着科学的发展和分离技术的提高，人们对大量有机物进行了分析，发现组成有机物的主要元素是碳元素。1848 年，德国化学家葛美林把有机化合物定义为含碳化合物。但是，并不是所有含碳化合物都是有机物。如 CO、CO_2 和碳酸盐（如 Na_2CO_3、$CaCO_3$）等，由于它们在结构和性质上与无机物相似，通常仍把它们归入无机物一类。有机化合物除了含有碳元素外，还含有氢、氧、氮、硫、磷、卤素等。一般将碳和氢看作是组成有机化合物的最基本元素，把碳氢化合物作为有机化合物中最基础的化合物，把含有其他元素的有机化合物称为碳氢化合物的衍生物。因此，有机化合物又被相对确切地定义为碳氢化合物（烃类）及其衍生物。而把研究碳氢化合物及其衍生物的科学，称为有机化学。

二、有机化合物的结构特点

有机物中最基本的元素是碳，要认识有机化合物的结构特点，必须了解碳原子的特性。碳是位于元素周期表中第二周期、第ⅣA族的元素。碳原子的最外层电子层有4个电子，既难于失去4个电子也难于从外界获得4个电子以形成稳定结构。因此，碳原子的特性表现在：当碳原子之间或碳与其他元素的原子之间相结合时，通常是以共价键相结合，形成共价化合物。例如，甲烷的结构表示如下：

	电子式	结构式	结构简式	分子式
甲烷	H:C:H（上下各一个 H）	H—C—H（上下各一个 H）	CH_4	CH_4

其中表示了分子中原子的种类和数目，并以短线代表共价单键的式子，叫作结构式。为了书写的方便，结构式还可以简化。经过简化，仍可以表示结构特点的化学式，叫结构简式。

碳原子与碳原子之间通过共价键相互结合，不仅可以形成碳碳单键（C—C），还能形成碳碳双键（C═C）或碳碳叁键（C≡C）。

多个碳原子之间或与其他原子之间可以构成碳链或碳环，从而形成链状或环状碳架。例如：

丁烷　　苯

总之，在有机化合物分子中，碳原子与碳原子之间或与其他原子之间常以不同的共价键相结合形成链状或环状“碳架”，从而形成数目众多，结构复杂的有机化合物，这就是有机化合物的结构特点。

三、有机化合物的性质特点

有机物种类繁多，目前已知数目已达数千万种，而无机物只有几十万种。有机物和无机物之间并没有绝对的界限，但由于有机化合物分子中的化学键主要是共价键，在性质上一般具有以下特征：

① 绝大多数有机物对热不稳定。容易燃烧，同时放出大量的热量。烃类化合物燃烧的产物是二氧化碳和水。

② 绝大多数有机物难溶于水，而易溶于汽油、酒精等有机溶剂。

③ 绝大多数有机物是非电解质，不易导电，熔点低。如有机化合物的熔点一般在400℃以下。

④ 有机化学反应速率慢，而且比较复杂，除了主反应外，还常常伴随有副反应发生。

以上是一般有机物的共性，各种有机物还有各自的个性。例如，酒精和醋酸可以与水以任意比例混溶；四氯化碳不但不能燃烧，而且还具有灭火的作用等。

四、有机化合物的分类

有机化合物的种类繁多，数目庞大，为了便于进行系统的学习和研究，必须对有机化合物分类。通常我们对有机化合物有两种分类方法：一种是根据碳架结构分类；一种是根据官能团分类。

1. 按照碳架结构的不同可以将有机物分为链状化合物和环状化合物两大类。

（1）链状化合物

这类化合物分子中的碳原子相互连接成链状。（因其最初是在脂肪中发现的，所以又叫脂肪族化合物。）如：

$CH_3—CH_2—CH_2—CH_3$　　　$CH_3—CH_2—CH_2—CH_2OH$

正丁烷　　　　　　正丁醇

（2）环状化合物

这类化合物分子中含有由碳原子组成的环状结构。它又可分为两类：

① 脂环化合物　是一类性质和脂肪族化合物相似的碳环化合物。如：

环戊烷　　　　　　环己醇

② 芳香化合物　是具有芳香性的有机化合物，其中大部分是分子中含有苯环的化合物。如：

苯　　　　萘

2. 按官能团分类

官能团是决定有机化合物的主要化学性质的原子或原子团。有机化学反应主要发生在官能团上，官能团对有机物的性质起决定作用。按官能团对有机化合物分类，如表5-1所示。

表 5-1　有机化合物分类

类别	官能团		典型代表物的名称和结构简式	
烷烃	—		甲烷	CH_4
烯烃	$\rangle C=C\langle$	双键	乙烯	$CH_2=CH_2$
炔烃	$-C\equiv C-$	叁键	乙炔	$CH\equiv CH$
芳香烃	—		苯	
卤代烃	—X(X 代表卤素原子)		溴乙烷	CH_3CH_2Br
醇	—OH	醇羟基	乙醇	CH_3CH_2OH
酚	—OH	酚羟基	苯酚	—OH
醚	$\rangle C-O-C\langle$	醚键	乙醚	$CH_3CH_2OCH_2CH_3$
醛	$-\overset{O}{\overset{\parallel}{C}}-H$	醛基	乙醛	$H_3C-\overset{O}{\overset{\parallel}{C}}-H$
酮	$-\overset{O}{\overset{\parallel}{C}}-$	羰基	丙酮	$H_3C-\overset{O}{\overset{\parallel}{C}}-CH_3$

续表

类别	官能团		典型代表物的名称和结构简式	
羧酸	$-\overset{\overset{\displaystyle O}{\|}}{C}-OH$	羧基	乙酸	$H_3C-\overset{\overset{\displaystyle O}{\|}}{C}-OH$
酯	$-\overset{\overset{\displaystyle O}{\|}}{C}-O-R$	酯基	乙酸乙酯	$H_3C-\overset{\overset{\displaystyle O}{\|}}{C}-O-C_2H_5$

练习题

一、填空题

1. 有机化合物是指____________，其主要组成元素是________。

2. 组成有机化合物的元素还有____________等。

3. 有机化合物分子中，碳原子与碳原子之间或与其他原子之间常以________键相结合。碳原子与碳原子之间不仅可形成单键，还可以形成________或________；不仅可形成碳链，还可以形成________。

4. 决定一类有机化合物化学性质的原子或基团，叫________。

5. 按碳架的不同，有机化合物分为______和______。

二、判断题

1. 有机物是指从动植物体中提取的有生机的物质。
（　）

2. 一有机物完全燃烧后生成 CO_2 和 H_2O，则该有机物一定含有 C、H、O 三种元素。（ ）

3. 有机物都不溶于水，易溶于有机溶剂。（ ）

4. 有机物的化学反应复杂、一般反应速率慢。（ ）

5. 所有的有机化合物都含有碳元素。（ ）

三、选择题

1. 下列化合物中，属于有机物的是（ ）。

A. CO　　B. CO_2

C. Na_2CO_3　　D. CH_4

2. 下列物质中，符合有机物特性的是（ ）。

A. 易溶于水　　B. 易导电

C. 受热易分解　　D. 熔、沸点高

3. 烃类化合物完全燃烧的最终产物是（ ）。

A. CO　　B. CO_2

C. CO_2 和 H_2O　　D. CO_2 和 CO

4. 下列关于有机物的说法正确的是（ ）。

A. 是从动植物中提取的有生命的物质

B. 只含有碳元素

C. 主要组成元素是碳，通常还有氢、氧、氮等

D. 用人工方法不能合成

5. 下列关于有机物的性质，不正确的是（ ）。

A. 大多数难溶于水，易溶于有机溶剂

B. 大多数熔点高，受热易分解

C. 绝大多数是非电解质，不导电

D. 化学反应比较复杂，一般反应慢。

四、将下列有机化合物的结构式改写为结构简式。

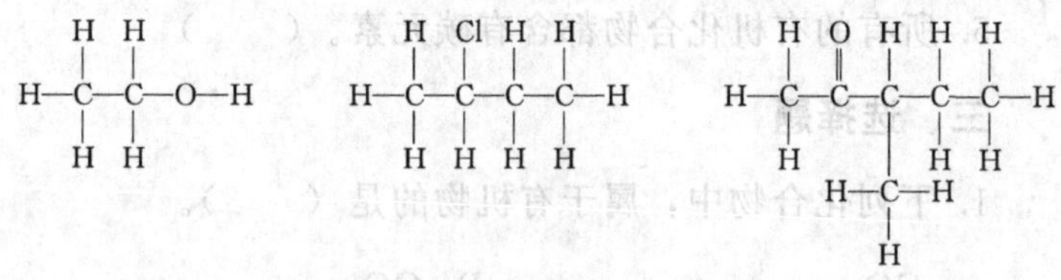

第二节 ▶▶ 甲烷和烷烃

学习目标

1. 掌握甲烷的分子组成、结构特点。
2. 掌握甲烷的主要理化性质。
3. 了解甲烷在生产及生活中的应用。
4. 理解烷烃的结构特点及通式。
5. 理解烃基、同系物、同分异构体的含义。

仅由碳和氢两种元素组成的有机物称为碳氢化合物，也称为烃。烃是有机化合物中最基本的一大类物质，是有机化合物的母体，其他有机化合物都可以看作是由烃衍生而来的。

根据烃分子结构中碳架的不同，可将烃分为链烃（又叫脂肪烃）和环烃两大类。链烃和环烃又可按分子结构的不同，进一步分为不同的类型，如图 5-1 所示。

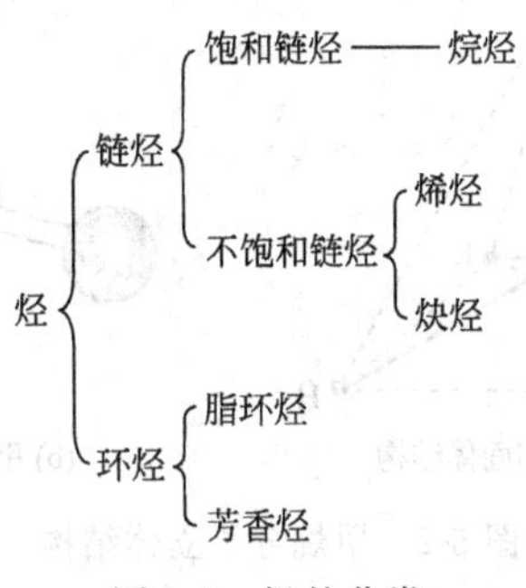

图 5-1 烃的分类

一、甲烷

甲烷是天然气、沼气和煤矿坑道气的主要成分，所以俗名沼气，又叫坑气。这些甲烷都是在隔绝空气的情况下，由植物残体经过某些微生物发酵作用而生成的。

1. 甲烷的分子结构

在甲烷分子中，碳原子最外层上的 4 个电子与 4 个氢原子的电子形成 4 个共用电子对。甲烷的电子式和结构式分别为：

$$\begin{matrix} & \mathrm{H} & \\ \mathrm{H} & \!:\!\ddot{\underset{\cdot\cdot}{\mathrm{C}}}\!:\! & \mathrm{H} \\ & \mathrm{H} & \end{matrix} \qquad\qquad \begin{matrix} & \mathrm{H} & \\ & | & \\ \mathrm{H}- & \mathrm{C} & -\mathrm{H} \\ & | & \\ & \mathrm{H} & \end{matrix}$$

电子式　　　　结构式

科学实验证明，甲烷分子里的1个碳原子和4个氢原子不在同一平面上，而是形成一个正四面体的立体结构，如图5-2所示。

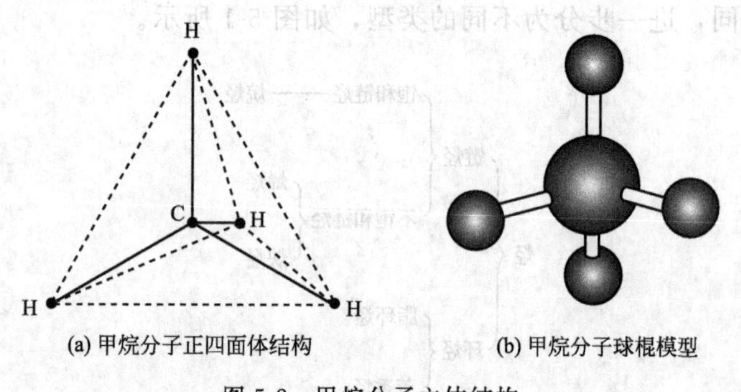

(a) 甲烷分子正四面体结构　(b) 甲烷分子球棍模型

图5-2　甲烷分子立体结构

2. 甲烷的物理性质

甲烷是一种无色、无味的气体，密度是0.717g/L（标准状况），大约是空气密度的一半。难溶于水，易溶于煤油、汽油等有机溶剂。

3. 甲烷的化学性质

通常情况下，甲烷的化学性质比较稳定，一般不跟强酸、强碱或强氧化剂发生反应，也不能使酸性高锰酸钾溶液褪色。但在一定的条件下，甲烷也会发生某些反应。

（1）氧化反应

纯净的甲烷能在空气中安静地燃烧，发出淡蓝色的火焰，生成二氧化碳和水，同时放出大量的热。

$$CH_4+2O_2 \xrightarrow{\text{点燃}} CO_2+2H_2O$$

甲烷是一种很好的气体燃料。但要注意，在甲烷与氧气或空气混合组成的混合气体中，当甲烷的含量在某一特定范围内（体积分数为5%～16%）时，点燃或遇到高温火源，混合气体就会发生爆炸。这个特定的含量范围称为爆炸极限。许多可燃性气体都有爆炸极限。

（2）受热分解

在隔绝空气加热的条件下，甲烷可分解制得炭黑和氢气。

$$CH_4 \xrightarrow{\text{高温}} C+2H_2$$

工业上就是利用此反应制取炭黑。炭黑是橡胶工业的重要原料，也可用于制造油墨、墨汁、黑色颜料等。氢气可作合成氨的原料。

（3）取代反应

甲烷和氯气混合，在光照或加热的条件下，可发生反应。甲烷分子中的氢原子可逐渐被氯原子取代。

$$H-\underset{H}{\overset{H}{C}}-H + Cl-Cl \xrightarrow{\text{光}} H-\underset{H}{\overset{H}{C}}-Cl + HCl$$

一氯甲烷

上述反应生成的一氯甲烷可与氯气进一步反应，依次生成二氯甲烷、三氯甲烷（俗名氯仿）和四氯甲烷（俗名四氯化碳）。

反应中，甲烷分子中的氢原子逐步被氯原子所取代，生成四种不同的取代产物。这种有机物分子里的某些原子或原子团被其他原子或原子团所代替的反应，叫作取代反应。被卤素原子取代的反应，称为卤代反应。取代反应是一类重要的有机反应类型。

趣味化学　　烧不着纸的火

取 30mL CCl_4、10mL CS_2 混匀，于蒸发皿中点燃，当即出现火焰。用纸伸入火焰试燃不着。

这是因为，CS_2 可燃，但 CCl_4 不可燃且易蒸发，并吸收大量热，故火焰温度不高。但如果 CCl_4 放太少，或用其他放热多的易燃溶剂，则纸仍可被烧着。

二、烷烃

碳原子之间都以单键结合成链状，碳原子剩余的价键全部被氢原子所饱和的烃，称为饱和链烃，又称烷烃。甲烷是饱和链烃中组成最简单的一个化合物。

1. 烷烃的同系物

（1）烷烃的通式

性质和甲烷相似的物质，还有乙烷、丙烷、丁烷等一系列化合物，它们的结构式和结构简式如表 5-2 所示。

表 5-2 烷烃的结构式和结构简式

<table>
<tr><th>名称</th><th>结构式</th><th>结构简式</th></tr>
<tr><td>甲烷</td><td>$\begin{array}{c} H \\ | \\ H-C-H \\ | \\ H \end{array}$</td><td>$CH_4$</td></tr>
<tr><td>乙烷</td><td>$\begin{array}{ccccc} & H & & H & \\ & | & & | & \\ H- & C & - & C & -H \\ & | & & | & \\ & H & & H & \end{array}$</td><td>$CH_3-CH_3$</td></tr>
<tr><td>丙烷</td><td>$\begin{array}{ccccccc} & H & & H & & H & \\ & | & & | & & | & \\ H- & C & - & C & - & C & -H \\ & | & & | & & | & \\ & H & & H & & H & \end{array}$</td><td>$CH_3-CH_2-CH_3$</td></tr>
<tr><td>丁烷</td><td>$\begin{array}{ccccccccc} & H & & H & & H & & H & \\ & | & & | & & | & & | & \\ H- & C & - & C & - & C & - & C & -H \\ & | & & | & & | & & | & \\ & H & & H & & H & & H & \end{array}$</td><td>$CH_3-CH_2-CH_2-CH_3$</td></tr>
</table>

从表 5-2 可以看出：从甲烷开始，每增加一个碳原子就增加了两个氢原子。如果一个分子中碳原子数为 n，氢原子数必然等于 $2n+2$，所以，烷烃的通式用 C_nH_{2n+2} 来表示。

(2) 烷基

烃分子中去掉一个或几个氢原子后所剩余的部分叫作烃基，用“—R”表示。烷烃分子中去掉一个氢原子后剩余的原子团，就叫作烷基。如$-CH_3$ 叫作甲基，$-CH_2-CH_3$ ($-C_2H_5$) 叫作乙基。

(3) 同系物

比较表 5-2 中烷烃的分子结构可以发现，烷烃分子中每增加一个碳原子，就增加了两个氢原子，即增加了一个 CH_2 原子团。像甲烷、乙烷、丙烷、丁烷这些物质，结构相似，在分子组成上相差一个或若干个 CH_2 原子团的一系列化合物互称同系物。甲烷、乙烷、丙烷、丁烷都是烷烃的同系物。

同系物由于结构相似，所以具有相似的化学性质。物理性质如物态、熔点、沸点、液态时的密度等不相同，但呈现出一定的变化规律。

2. 同分异构现象、同分异构体

在烷烃的同系物中，甲烷、乙烷、丙烷都只有一种结构，从丁烷开始就有了两种或两种以上的结构。例如，分子式为 C_4H_{10} 的有机物就有两种结构：

$$CH_3—CH_2—CH_2—CH_3$$

正丁烷

$$\begin{array}{c} CH_3 \\ | \\ CH_3—CH—CH_3 \end{array}$$

异丁烷

这两种物质虽然分子组成一样，但是它们的结构不同，物理性质也不相同（表 5-3）。

表 5-3　正丁烷与异丁烷物理性质比较

项目	正丁烷	异丁烷
熔点/℃	−138.4	−159.6
沸点/℃	−0.5	−11.7
液态时密度/(g/cm³)	0.5788	0.557

像这种化合物具有相同的分子式，但具有不同结构的

现象，称为同分异构现象。具有同分异构现象的化合物互称为同分异构体。如戊烷（C_5H_{12}）有3种同分异构体：

$$CH_3—CH_2—CH_2—CH_2—CH_3$$

正戊烷

$$CH_3—\underset{\displaystyle CH_3}{\underset{|}{CH}}—CH_2—CH_3$$

异戊烷

$$CH_3—\overset{\displaystyle CH_3}{\overset{|}{\underset{\displaystyle CH_3}{\underset{|}{C}}}}—CH_3$$

新戊烷

在烷烃中，随着分子中碳原子数的增多，同分异构体的数目也越多。如己烷（C_6H_{14}）有5种，庚烷（C_7H_{16}）有9种，辛烷（C_8H_{18}）有18种，而癸烷（$C_{10}H_{22}$）有75种之多。

烷烃的同分异构现象是由于分子中碳架不同引起的，这种现象称为碳架异构。

3. 烷烃的命名

有机化合物的数目众多，结构复杂，需要一套完整的命名方法，以便对每种有机化合物给予统一、正确的命名。

烷烃的命名，常采用两种命名法，即普通命名法和系统命名法。

（1）普通命名法

根据分子里所含的碳原子的数目，以烷字为词尾来命名的。碳原子数在10个以内的，依次用甲、乙、丙、丁、戊、己、庚、辛、壬、癸来命名；碳原子数在10个以上的用中文小写的数字来命名，例如$C_{12}H_{24}$叫十二烷。

为了区分异构体，分别在其名称前加上“正”“异”“新”。凡直链烷烃叫“正某烷”，链端第二个碳原子上有一个甲基支链的称“异某烷”，链端第二个碳原子上有两个甲基支链的称“新某烷”。如前面提到的正戊烷、异戊烷、新戊烷。普通命名法只适用于结构比较简单的烷烃的命名。对于碳原子数较多，分子结构复杂的烷烃的命名就要采用系统命名法。

（2）系统命名法

在系统命名法中，直链烷烃的命名与普通命名法相似，只是省去“正”字，根据分子里所含的碳原子的数目，直接称为某烷，如丁烷、戊烷等。含支链烷烃要按照以下规则进行命名。

① 选主链　选择含碳原子数最多的碳链作为主链，根据主链所含碳原子数称为“某烷”。主链以外的支链称为取代基。

② 编号　从离支链最近的一端开始，依次用阿拉伯数字 1、2、3……给主链上的每个碳原子编号，以确定取代基的位次。

③ 写名称　将取代基的位置和名称依次写在主链名称的前面，并用一条短线“-”将阿拉伯数字与主链名称连接起来。例如：

$$\begin{array}{ccccccc}
1 & & 2 & & 3 & & 4 \\
CH_3 & — & CH & — & CH_2 & — & CH_3 \\
 & & | & & & & \\
 & & CH_3 & & & &
\end{array}$$

2-甲基丁烷

如果烃分子里有几个相同的取代基，把相同取代基合并起来，用中文小写的数字二、三、四……数字表示其数目，位置号数之间用“,”隔开。例如：

$$\begin{array}{ccccccccc}
 & & CH_3 & & & & & & \\
1 & & 2| & & 3 & & 4 & & 5 \\
CH_3 & — & C & — & CH_2 & — & CH_2 & — & CH_3 \\
 & & | & & & & & & \\
 & & CH_3 & & & & & &
\end{array}$$

2,2-二甲基戊烷

如果分子中取代基不同，则简单的取代基写在前面，复杂的取代基写在后面。例如：

$$\begin{array}{ccccccccccc}
1 & & 2 & & 3 & & 4 & & 5 & & 6 \\
CH_3 & — & CH_2 & — & CH & — & CH & — & CH_2 & — & CH_3 \\
 & & & & | & & | & & & & \\
 & & & & CH_3 & & CH_2CH_3 & & & &
\end{array}$$

3-甲基-4-乙基己烷

4. 烷烃的性质

烷烃共同的物理性质是：液态时的密度都小于 1；都几乎不溶于水而易溶于有机溶剂。

另外，随着分子中碳原子数目的递增，在常温下，它们的物态由气态、液态到固态；熔点、沸点逐渐升高，密度逐渐增大。表 5-4 中列出了一些烷烃的物理性质。

烷烃的化学性质与甲烷相似。在一般情况下，化学性质比较稳定，与强酸、强碱、强氧化剂都不起反应。但能在空气中点燃；在光照条件下，可以与氯气发生取代反应。

表 5-4 一些烷烃的物理性质

名称	结构简式	常温时的状态	熔点/℃	沸点/℃	液态时的密度/(g/cm^3)
甲烷	CH_4	气	−182.5	−164	0.466①
乙烷	CH_3CH_3	气	−183.3	−88.63	0.572②
丙烷	$CH_3CH_2CH_3$	气	−189.7	−42.07	0.5005
丁烷	$CH_3(CH_2)_2CH_3$	气	−138.4	−0.5	0.5788
戊烷	$CH_3(CH_2)_3CH_3$	液	−129.7	36.07	0.6262
庚烷	$CH_3(CH_2)_5CH_3$	液	−90.61	98.42	0.6838
辛烷	$CH_3(CH_2)_6CH_3$	液	−56.79	125.7	0.7025
十七烷	$CH_3(CH_2)_{15}CH_3$	固	22	301.8	0.7788(固)
二十四烷	$CH_3(CH_2)_{22}CH_3$	固	54	391.3	0.7991(固)

① 是−164℃时的测定值。

② 是−108℃时的测定值，其余是20℃时的测定值。

5. 生物体内的烷烃

在动植物体内都有少量烷烃存在。许多植物的茎、叶和果实表皮的蜡质中也混有高级烷烃。例如，白菜、甘蓝叶里含有二十九烷；菠菜叶里含有三十三烷、三十五烷和三十七烷；烟草叶里含有二十七烷和三十一烷；苹果皮里含有二十七烷和二十九烷等。它们和蜡质具有防止外部水分内浸和减少内部水分蒸发的作用，还可防止病虫的侵害。

在某些昆虫分泌的“外激素”中也能找到一些烷烃。例如某种蚁的信息素中含有正十一烷和正十三烷。一些昆虫的性引诱素也是烷烃，如雌虎蛾引诱雄虎蛾的性激素是

2-甲基十七烷。人们可以人工合成这种昆虫性激素，并利用它把雄虎蛾引至捕集器中而将其杀死。

阅读

一种纯生态洁净能源——沼气

随着我国人口的高速增长，对能源的消耗也在不断增加。煤炭、石油、天然气等石化能源在全球范围内面临着即将枯竭的危机，同时这些能源的使用对环境也造成了污染。面对严峻的资源和环境问题，采取积极应对措施，节约资源、保护环境、开发新能源、实现可持续发展，已成为全世界的共识。

沼气就是当今开发的洁净能源之一，是解决农村能源不足问题的一种重要途径。沼气是把农作物的秸秆、杂草、树叶、人畜粪便等废弃物质在一定的温度、湿度、酸度条件下，放在密闭的沼气池中发酵，经微生物作用（发酵）而产生的可燃性气体。沼气是多种气体的混合物，一般含甲烷 50%～70%，其余为二氧化碳和少量的氮、氢和硫化氢等。其特性与天然气相似。随着技术的不断完善和管理服务的加强，沼气已不仅简单地用来照明和做饭，沼液喂猪、沼渣还田、沼液叶面喷施防虫等技术，使沼气得到循环利用，综合效益显著提升。

瓦斯爆炸及防范

瓦斯是古代植物在堆积成煤的初期，纤维素和有机质经厌氧菌的作用分解而成的无色、无味、无臭的气体。瓦斯的主要成分是烷烃，其中甲烷占绝大多数，另有少量的乙烷、丙烷和丁烷，此外一般还含有硫化氢、二氧化碳、氮和水汽，以及微量的惰性气体等。瓦斯难溶于水，达到一定浓度时，能使人因缺氧而窒息，如遇明火即可燃烧，发生瓦斯爆炸。

煤矿瓦斯多存在于煤层中间或岩石缝隙中。如果矿井中发生瓦斯爆炸，会产生高温、高压和冲击波，从而造成人员伤亡，破坏巷道和器材、设施，扬起大量煤尘并使之参与爆炸，产生更大的破坏力。另外，爆炸后生成大量的有害气体，会造成人员中毒死亡。因此，煤矿工作人员对瓦斯十分重视，工作时必须采取防护措施并携带测量仪器做好监测工作。17 世纪时，英国矿工会提着一个装有金丝雀的鸟笼下到矿井，把鸟笼挂在工作区内。原来，金丝雀对瓦斯或其他毒气特别敏感，只要有非常淡薄的瓦斯产生，金丝雀就会停止歌唱。矿工们察觉到这种情景后，可立即撤出矿井，避免伤亡事故的发生。

那么，在现代化生产条件下怎样预防井下瓦斯爆炸呢？

① 注重矿井瓦斯抽放、加强通风，防止瓦斯浓度超过规定。

② 控制火源，杜绝非生产需要的火源，如井下严禁

吸烟，严禁携带如火柴、打火机等点火物品入井，禁止明火照明等。

③ 配备矿井瓦斯在线监测系统，自动连续检查工作地点的 CH_4 浓度和通风状况。

练习题

一、填空题

1. 分子中仅含______和______两种元素的有机化合物叫作碳氢化合物，又叫作______。

2. 烷烃的通式为______，丁烷的分子式为______，含有 24 个氢原子的烷烃分子式为______，甲基的结构简式为______，乙基的结构简式为______。

3. 结构相似，在分子组成上相差一个或若干个 CH_2 原子团的一系列化合物叫作______。

4. 有机物具有相同的分子式，但具有不同结构的现象，叫作______现象。

二、选择题

1. 有机物中的烃是（　）的化合物。

A. 含有碳　　B. 含有碳和氢

C. 只含有碳和氢　　D. 含有碳、氢、氧三种元素

2. 下列化合物中，属于烷烃的是（　）。

A. CH_3Cl　　B. $C_{17}H_{36}$

C. C_2H_6O　　D. $C_{15}H_{28}$

3. 沼气的主要成分是（　）。

A. CO　　B. H_2S

C. H_2　　D. CH_4

4. 下列物质在一定条件下，可与甲烷发生化学反应的是（　）。

A. 氯气　　B. 氢氧化钠

C. 高锰酸钾溶液　　D. 硫酸

5. 下列化合物中，命名正确的是（　）。

A. 2,2-二甲基丁烷　　B. 3,3-二甲基丁烷

C. 2,3,3-三甲基丁烷　　D. 2-乙基丁烷

三、写出己烷的5种同分异构体的结构简式，并用系统命名法命名。

四、写出下列烷烃的结构简式

（1）2-甲基丁烷　　（2）2,3-二甲基戊烷

（3）2,2,5-三甲基己烷　　（4）2-甲基-3-乙基己烷

五、用系统命名法命名下列化合物

（1）$CH_3—CH_2—CH(CH_3)—CH_2—CH_3$

（2）$CH_3—CH(CH_3)—CH_2—CH(CH_3)—CH_3$

(3)
$$\begin{array}{l} \qquad\qquad\qquad\qquad\qquad\qquad\quad CH_3 \\ \qquad\qquad\qquad\qquad\qquad\qquad\quad | \\ CH_3-CH-CH_2-CH-CH-CH_3 \\ \qquad\quad | \qquad\qquad\quad\; | \\ \qquad CH_3 \qquad\quad\; CH_3 \end{array}$$

(4)
$$\begin{array}{l} \qquad\qquad\qquad\qquad\qquad\qquad\qquad\quad CH_3 \\ \qquad\qquad\qquad\qquad\qquad\qquad\qquad\quad | \\ CH_3-CH-CH_2-CH_2-CH-CH_3 \\ \qquad\quad | \qquad\qquad\qquad\qquad\; | \\ \qquad CH_3 \qquad\qquad\qquad\; CH_2 \\ \qquad\qquad\qquad\qquad\qquad\qquad\quad | \\ \qquad\qquad\qquad\qquad\qquad\qquad\quad CH_3 \end{array}$$

六、如何鉴别甲烷和一氧化碳两种气体？

七、试仿照上述生成一氯甲烷的化学方程式，写出一氯甲烷与氯气继续反应的化学方程式。

项目	化学方程式
生成二氯甲烷	
生成三氯甲烷	
生成四氯甲烷	

第三节 乙烯和烯烃

学习目标

1. 掌握乙烯的分子组成、结构特点。
2. 掌握乙烯的主要理化性质。
3. 了解烯烃的结构特点及通式。

一、乙烯

乙烯是烯烃中最简单的一种化合物，也是最具代表性的烯烃。

1. 乙烯的结构

乙烯的分子式是 C_2H_4，电子式、结构式和结构简式分别是：

$$\begin{array}{c}\ \ H\ \ \ H\\ \ \ \times\!\cdot\ \ \ \times\!\cdot\\ H\overset{\cdot}{\times}C::C\overset{\cdot}{\times}H\end{array}\qquad \begin{array}{c}H\ \ H\\ |\ \ \ |\\ H-C=C-H\end{array}\qquad CH_2=CH_2$$

实验证明，乙烯分子中的 2 个碳原子与 4 个氢原子处在同一平面上，键与键之间的夹角是 120°（图 5-3）。

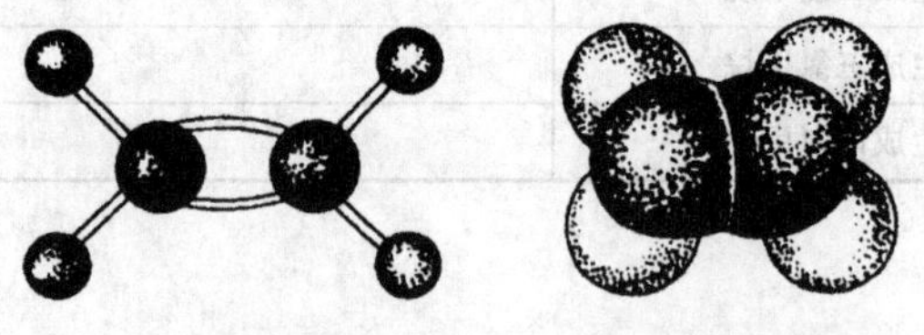

(a) 球棍模型　　(b) 比例模型

图 5-3　乙烯的分子模型

2. 乙烯的实验室制法

在实验室里，将乙醇和浓硫酸的混合物加热至 170℃，乙醇脱水而生成乙烯。反应中，浓硫酸起催化剂和脱水剂的作用。

$$CH_3CH_2OH \xrightarrow[170℃]{浓\ H_2SO_4} CH_2=CH_2\uparrow + H_2O$$

3. 乙烯的物理性质

乙烯是一种无色气体，稍有香甜气味，难溶于水，易溶于有机溶剂。在标准状况下，密度为1.25g/L，比空气略轻。

4. 乙烯的化学性质

乙烯分子的结构特点是含有C═C，但是双键中的一个键不稳定，容易断裂，所以乙烯的化学性质很活泼。

(1) 加成反应

【实验5-1】 将乙烯通入溴水或溴的四氯化碳溶液中，如图5-4所示。观察溶液颜色的变化。

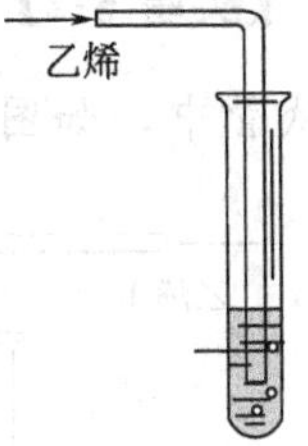

乙烯

图5-4 乙烯通入溴水中

可以看到，溴水的红棕色会很快褪去。这说明乙烯和溴发生了反应。反应中乙烯的双键断开一个键，两个溴原子分别加在两个双键碳原子上，生成无色的1,2-二溴乙烷。

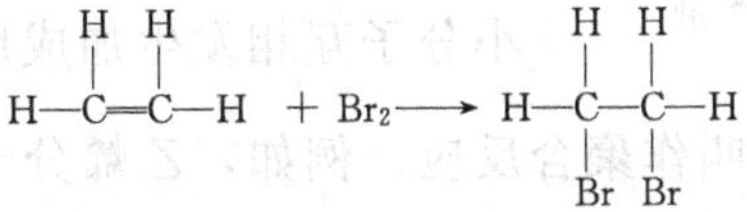

$$\mathrm{H{-}\overset{\overset{\displaystyle H}{|}}{C}{=}\overset{\overset{\displaystyle H}{|}}{C}{-}H} + Br_2 \longrightarrow \mathrm{H{-}\underset{\underset{\displaystyle Br}{|}}{\overset{\overset{\displaystyle H}{|}}{C}}{-}\underset{\underset{\displaystyle Br}{|}}{\overset{\overset{\displaystyle H}{|}}{C}}{-}H}$$

有机物分子中的不饱和键（双键或叁键）断裂，在不饱和的碳原子上加入其他原子或原子团，生成新的化合物的反应，称为加成反应。

乙烯除能跟溴水发生加成反应外，在一定条件下，还能和H_2、Cl_2、HCl、H_2O等物质发生加成反应，如：

$$H_2C=CH_2+H_2O\xrightarrow[\triangle]{催化剂}CH_3CH_2OH$$

(2) 氧化反应

乙烯在空气中燃烧，火焰明亮且伴有黑烟，生成二氧化碳和水，同时放出大量的热。

$$H_2C{=}CH_2+3O_2 \xrightarrow{点燃} 2CO_2+2H_2O$$

乙烯不仅能在空气中燃烧，而且能被强氧化剂氧化。

【实验 5-2】 将乙烯通入盛有少量酸性 $KMnO_4$ 溶液的试管中，如图 5-5 所示。观察溶液颜色的变化。

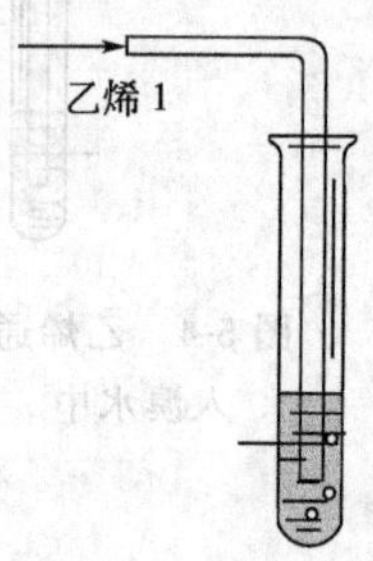

图 5-5 乙烯通入酸性高锰酸钾溶液

可以看到，溶液的紫色很快褪去，说明乙烯很容易被酸性 $KMnO_4$ 溶液氧化。在有机化学上，利用这一反应可鉴别乙烯。

(3) 聚合反应

在一定条件下，由不饱和链烃小分子互相发生加成反应结合成为大分子的反应叫作聚合反应。例如，乙烯分子中的双键断开其中一个键以后，可互相连接形成一个碳链很长的大分子。

$$nH_2C{=}CH_2 \xrightarrow{加热、加压} {+}CH_2{-}CH_2{+}_n$$

聚乙烯

聚乙烯是一种无毒、无味的白色固体。可用于制造农用塑料薄膜、容器、食品包装袋、电线电缆护套等。

乙烯主要来源于石油化学工业，大量用于生产聚乙烯、聚氯乙烯、合成纤维、合成橡胶、染料、药物等多种化工产品。目前，乙烯的产量已经成为衡量一个国家石油化工发展水平的标志。

乙烯除了是石油化学工业的重要原料之外，还是一种植物生长调节剂，用它可以催熟果实。

知识拓展　　果实催熟剂

秋天是柿子成熟的季节，柿子营养价值高，甜腻可口，受到很多人的喜爱。每当到了秋天，很多人都会问青柿子怎么催熟，因为青柿子吃起来涩涩的。

其实很简单，只需要找个干净没破损的容器，把柿子放到容器中排好。选择1～2个成熟的水果放到容器中，比如苹果、梨、香蕉等。密封容器，放置一周左右时间差不多就可以食用了。这是因为成熟的水果中可以释放出乙烯气体，能促进柿子成熟。

二、烯烃

分子结构中含有碳碳双键（C═C）的不饱和链烃叫作烯烃。碳碳双键属于烯烃的官能团。烯烃中除乙烯外，还有丙烯、丁烯、戊烯等一系列化合物，它们在组成上相差一个或几个 CH_2 原子团，都是烯烃的同系物。例如：

$CH_2=CH-CH_3$ 丙烯

$CH_2=CH-CH_2-CH_3$ 1-丁烯

$CH_2=CH-CH_2-CH_2-CH_3$ 1-戊烯

它们的分子结构中都含有一个碳碳双键，比含有相同碳原子数的烷烃要少两个氢原子，所以烯烃的通式为 C_nH_{2n} （$n\geqslant 2$）。

烯烃的物理性质一般也随着碳原子数目的增加而呈规律性变化。烯烃的化学性质与乙烯相似，能发生加成反应、氧化反应和聚合反应；能使溴水、酸性高锰酸钾溶液褪色。

阅读

乙烯与植物的成熟和衰老

乙烯是一种植物激素，也是一种大气污染物。由于乙烯不像其他污染物那样直接影响人体健康，故不大引起人们的关注。但是，乙烯对植物的作用却是很强烈的。

乙烯广泛存在于植物的各种组织、器官中，是由体内的一种氨基酸——蛋氨酸在供氧充足的条件下转化而成的。它的产生具有“自促作用”，即乙烯的积累可以刺激更多的乙烯产生。乙烯也有促进器官脱落和衰老的作用。在植物中，乙烯能促进橡胶树、漆树等排出乳汁。乙烯是气体，在田间应用不方便。一种能释放乙烯的液体化合物——2-氯乙基膦酸（商品名乙烯利）已广泛应用于果实催熟、刺激橡胶乳汁分泌、水稻矮化、增加瓜类雌花及促进菠萝开花等。

乙烯是毒害植物的大气污染物。随着石油化学工业的发展和城市车辆的激增，在一些工厂和城市都会产生局部性乙烯污染，对一些植物造成危害。乙烯对植物伤害的典型特征是叶片失绿黄化变形，落叶或大量落花落果，生长受阻或开花受抑等。如乙烯能使行道树落叶，使栽培的香石竹、兰花不能正常开花，对柑橘毒性也很强。

练习题

一、填空题

1. 乙烯是一种________色、________气味的气体，________溶于水。

2. 烯烃的分子结构中含有________键，烯烃的通式为________，烯烃的代表物是________。

3. 将乙烯和甲烷分别通入酸性 $KMnO_4$ 溶液中，能使紫色褪去的是________，此反应的类型为________。

4. 乙烯与溴水发生的反应为________反应，与高锰酸钾发生的反应是________反应，在一定条件下，乙烯还能发生聚合反应，生成________。

二、选择题

1. 既可用来鉴别 CH_4 和 C_2H_4，又可除去混合物中的 C_2H_4 的方法是（　　）。

A. 通入 $KMnO_4$ 溶液中　　B. 通入足量溴水中

C. 点燃　　D. 通入 H_2 后加热

2. 下列不是乙烯用途的是（　　）。

A. 作灭火剂　　B. 制塑料

C. 合成橡胶　　D. 用作果实催熟剂

3. 下列物质既能够使溴水褪色，又能够使酸性高锰酸钾溶液褪色的是（　　）。

A. H_2S　　B. C_2H_4

C. CCl_4　　D. C_3H_8

4. 无水乙醇与浓硫酸混合加热制取乙烯气体，该反应中浓硫酸的作用是（　　）。

A. 干燥剂　　B. 催化剂与脱水剂

C. 吸水剂　　D. 反应物

三、如何如何鉴别甲烷和乙烯两种气体？

四、推断题

符合通式 C_nH_{2n} 的某烃，与溴水发生加成反应生成1,2-二溴丁烷，写出该烃的结构简式和名称，并写出它的同分异构体的结构简式和名称。

第四节 乙炔 炔烃

学习目标

1. 掌握乙炔的分子组成、结构特点。
2. 掌握乙炔的主要理化性质。
3. 掌握炔烃的结构特点及通式。

一、乙炔

1. 乙炔的分子结构

乙炔俗名电石气，分子式为 C_2H_2。在乙炔分子里的碳原子间有三个共用电子对，电子式、结构式和结构简式如下：

$$H\overset{\cdot}{\times}C\ \vdots\vdots\ C\overset{\cdot}{\times}H \qquad H—C\equiv C—H \qquad HC\equiv CH$$

经实验证明，乙炔分子中的两个碳原子和两个氢原子都处在同一直线上，碳碳叁键和碳氢键的夹角是180°（如图 5-6 所示）。

2. 乙炔的实验室制法

在实验室里，乙炔是用电石（CaC_2）和水反应制取的，所以乙炔俗名叫电石气（如图 5-7 所示）。

$$CaC_2+2H_2O \longrightarrow HC\equiv CH\uparrow + Ca(OH)_2+127kJ/mol$$

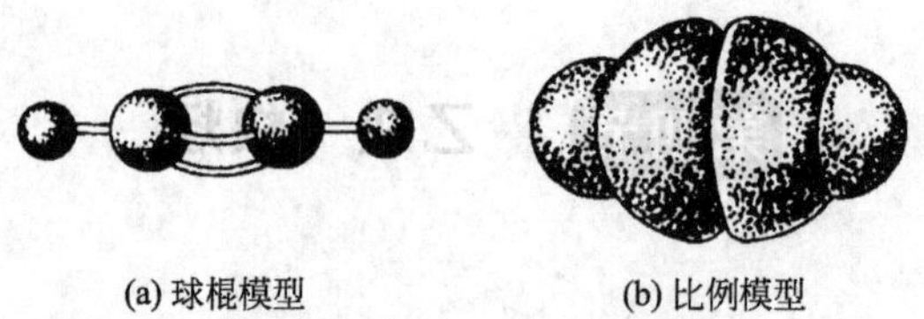

(a) 球棍模型　　(b) 比例模型

图 5-6　乙炔的分子模型

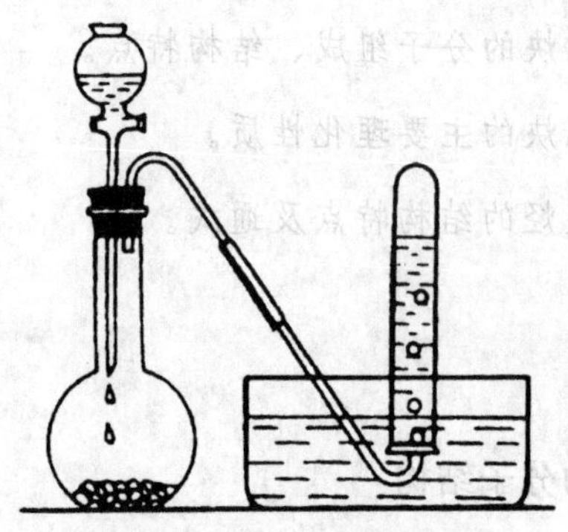

图 5-7　乙炔的实验室制法

为减缓反应速率，得到平缓的乙炔气流，一般用饱和食盐水代替纯水。

3. 乙炔的物理性质

纯净的乙炔是无色、无味的气体，由电石生成的乙炔常因混有硫化氢等杂质而带有特殊的臭味。乙炔密度为1.16g/L（标准状况），微溶于水，易溶于有机溶剂。乙炔在高温下易发生爆炸，但溶于丙酮后很稳定。所以通常将乙炔溶于丙酮中进行运输、贮存。

4. 乙炔的化学性质

乙炔的分子结构中含有 C≡C，其中有两条键易断裂。

所以乙炔和乙烯相似，化学性质很活泼，易发生加成反应和氧化反应。

(1) 加成反应

乙炔分子中 C≡C 上有两条键易断裂，可以和溴水、氯化氢等发生加成反应。

【实验 5-3】 把纯净的乙炔通入盛有溴水或溴的四氯化碳溶液的试管中，观察溶液颜色的变化。

可以看到，和乙烯一样，乙炔也能使溴水褪色。

$$H-C\equiv C-H + Br-Br \longrightarrow \begin{array}{c} \\ H-\underset{\displaystyle Br}{\underset{|}{C}}=\underset{\displaystyle Br}{\underset{|}{C}}-H \end{array} \longrightarrow \begin{array}{c} H-\overset{\displaystyle Br}{\overset{|}{\underset{\displaystyle Br}{\underset{|}{C}}}}-\overset{\displaystyle Br}{\overset{|}{\underset{\displaystyle Br}{\underset{|}{C}}}}-H \end{array}$$

1,2-二溴乙烯　　1,1,2,2-四溴乙烷

乙炔和氯化氢加成可生成氯乙烯。

$$HC\equiv CH + HCl \xrightarrow{\text{催化剂}} CH_2=CHCl$$

氯乙烯是生产聚氯乙烯塑料和合成纤维的原料。

(2) 氧化反应

乙炔在空气中燃烧时，产生大量的热，火焰光亮并带有浓烟。

$$2HC\equiv CH + 5O_2 \xrightarrow{\text{点燃}} 4CO_2 + 2H_2O$$

乙炔在空气中的爆炸极限是 3%～81%（体积分数）。如果乙炔的体积分数在爆炸极限之内，点燃会引起爆炸。

所以生产和使用乙炔时必须注意安全，点燃乙炔时须检验纯度。乙炔不仅能与空气形成爆炸混合物，在受到外界压力时也不稳定。液态乙炔受到震动时就会分解，发生爆炸，并放出大量的热。

乙炔在氧气中燃烧时，氧炔焰的温度可达 3000℃以上，因此广泛用于切割和焊接金属。

乙炔不仅可在空气中燃烧，也容易被强氧化剂氧化。

【实验 5-4】 把纯净的乙炔通入盛有少量酸性高锰酸钾溶液的试管，观察溶液颜色的变化。

可以看到，和乙烯相似，乙炔可使酸性 $KMnO_4$ 溶液的紫色很快褪去，说明乙炔也能与酸性高锰酸钾溶液反应。因此，也常用酸性高锰酸钾溶液来检验乙炔。

(3) 聚合反应

在温度为 600～650℃，有活性炭催化的条件下，三分子乙炔可以发生聚合反应生成苯。

$$3HC\equiv CH \xrightarrow{600\sim650℃} C_6H_6$$

这一反应使链状化合物与环状化合物联系起来。

(4) 末端炔烃反应

炔烃分子中碳碳叁键在碳链末端的炔烃叫作末端炔

烃。末端炔烃与某些重金属离子可以发生反应，生成有颜色的重金属炔化物沉淀。

例如，将乙炔通入硝酸银的氨溶液或氯化亚铜的氨溶液时，分别生成白色的乙炔银沉淀和红棕色的乙炔亚铜沉淀，反应方程式如下：

$$CH\equiv CH + 2Ag(NH_3)_2NO_3 + 2H_2O \longrightarrow$$

$$AgC\equiv CAg\downarrow + 2NH_4NO_3 + 2NH_3 \cdot H_2O$$

$$CH\equiv CH + 2Cu(NH_3)_2Cl + 2H_2O \longrightarrow$$

$$CuC\equiv CCu\downarrow + 2NH_4Cl + 2NH_3 \cdot H_2O$$

上述反应很灵敏，现象明显，常用来鉴别末端炔烃。

趣味化学　冰块着火

方法一：取一块冰，放在瓷盘中，在冰块中央放一块蚕豆大小的电石，稍等一会儿，用燃着的木条移到电石上方点燃电石与水反应生成的乙炔，可见“冰块着火”，冒出浓浓的黑烟。

方法二：取一块冰放在瓷盘中，用小刀在冰块中央挖一小穴，向穴中放一块蚕豆大小的电石和红豆大小的去除表面氧化物的金属钾，稍等一会儿，即有“冰块着火，冒出浓浓黑烟”的现象。

注意事项：方法二要注意实验时人离远点，防止钾与冰面上的水反应散热慢，而且与空气充分接触，易发生暴燃，将钾飞溅出来灼伤人。

二、炔烃

分子里含有碳碳叁键的不饱和链烃叫作炔烃。碳碳叁键属于炔烃的官能团。乙炔是最简单的炔烃，也是炔烃的重要代表物。

炔烃中除乙炔外，还有丙炔、丁炔、戊炔等一系列同系物。

$HC\equiv CH$　　$CH_3-C\equiv CH$　　$CH_3-CH_2-C\equiv CH$

乙炔　　丙炔　　1-丁炔

炔烃比含同数碳原子的烯烃又少了 2 个氢原子，其通式为 C_nH_{2n-2}。炔烃与乙炔的性质相似，也能发生氧化、加成等一系列化学反应。

阅读

“绿色武器” ——乙炔弹

“绿色武器”是指借用“绿色环保”的概念，对自然环境不产生或者少产生污染，有利于环保和不破坏生态平衡的武器。

当前世界上使用的常规火药主要为 3 种炸药——TNT（美国环保署已将其列为致癌物质）、RDX（环三亚甲基三硝胺）和 HNX（环四亚甲基四硝胺）。它们都富含铅，对环境造成了严重的污染。在伊战期间，英美投下了几千枚炸弹，这些弹药给伊拉克人的身体健康造成了严重的伤害。如何让未来的武器更具“环保性”，成为了武器研究的一个方向。乙炔弹就是在这种背景下研发的一种“绿色武器”。

碳化钙与水作用能产生乙炔，乙炔跟空气的混合物遇火会发生爆炸。工程师们根据这一原理，研制出了一种新型反坦克武器——乙炔弹。它的弹体可分为两个部分：一部分用于装水；另一部分用于装碳化钙。弹体爆炸后，水与碳化钙迅速作用产生乙炔，乙炔又与空气接触，产生爆炸性的混合气体。当这种爆炸性混合气体被吸入坦克发动机气缸内，在高压点火下，就会发生剧烈的爆炸，从而将坦克发动机彻底炸毁。

由于乙炔弹具有灵巧、价廉、环保等特点，未来将作为实战武器应用于战争。

练习题

一、填空题

1. 炔烃的分子结构特点是含有________，炔烃的通式为________。

2. 将乙炔和甲烷分别通入到溴水中，能使红棕色褪去的是________，此反应的类型为________。用________可鉴别乙烯和乙炔。

3. 乙炔分子中，碳碳原子之间有________共用电子对，通常叫________键。炔烃是指分子中含________的开链烃，炔烃也属________烃，炔烃的通式为________。碳原子数同为 n 的烷、烯、炔烃，它们的 H 原子个数依次为________个。

4. 现有 6 种链烃：①C_8H_{16}、②C_9H_{16}、③$C_{15}H_{32}$、④$C_{17}H_{34}$、⑤C_7H_{14} 和⑥C_8H_{14}，它们分别属于烷烃、烯烃和炔烃，其中属于烷烃的是________，属于烯烃的是________，属于炔烃的是________。

二、选择题

1. 下列命名正确的是（　　）。

A. 2,2-二甲基丁烷　　B. 2-乙基-2-丁烯

C. 2-乙基戊烷　　D. 丁炔

2. 不能用来鉴别甲烷、乙炔的试剂是（　　）。

A. 酸性高锰酸钾溶液　　B. 溴水

C. 氢氧化钠溶液　　D. 银氨溶液

3. 可用来鉴别丙烯和丙炔的试剂是（　　）。

A. 酸性高锰酸钾溶液　　B. 溴水

C. 液溴　　D. 银氨溶液

4. 某炔烃与氢气加成后的产物为 2-甲基丁烷，该炔

烃可能的结构有（ ）。

A. 3 种　　B. 4 种

C. 2 种　　D. 1 种

5. 下列属于加成反应的是（ ）。

A. 甲烷与氯气混合见光

B. 乙炔使 $KMnO_4$ 酸性溶液褪色

C. 在催化剂作用下，乙烯和水反应

D. 乙炔与银氨溶液反应生成沉淀。

三、解释下列名词

1. 加成反应　　2. 聚合反应

第五节 苯和芳香烃

学习目标

1. 掌握苯的分子组成、结构特点。

2. 掌握苯的主要理化性质。

3. 掌握苯的结构特点及通式。

芳香烃最初是从树脂和香精油中获得的一些具有芳香气味的物质，因此叫芳香烃。随着科学的发展，发现大部分芳香物质分子中都含有苯的环状结构。所以，人们就把分子里含有一个或多个苯环的烃类叫作芳香烃，简称芳烃。苯环被看作是芳香烃的母体。

苯是最简单的芳香烃，是芳香烃的典型代表。芳香族化合物在自然界存在广泛，尤其在煤和石油中较为丰富。一些重要的芳香族化合物及其衍生物与生命活动有着密切的联系。

一、苯

1. 苯的结构

苯的分子式是 C_6H_6。对苯结构的研究经历了漫长的过程，1865 年，德国化学家凯库勒提出了苯的环状结构，并把苯的结构表示为：

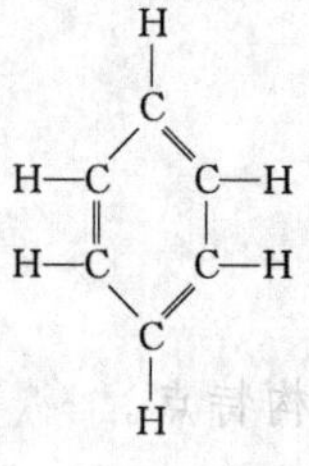

或简写为

经过进一步的研究表明，苯分子中的 6 个碳原子和 6 个氢原子在同一平面上，形成一个正六边形的环状结构。6 个碳碳键完全相同，并没有单键和双键的区分。苯分子的这种化学键既不同于一般的单键，也不同于一般的双键，而是一种介于两者之间的一种特殊的键。

需要说明的是，由于苯的凯库勒式沿用已久，现在仍然采用，但绝不能认为苯是由单、双键交替组成的环状结构。

2. 苯的物理性质

苯是无色、有芳香气味的液体，密度为 0.876g/L，比水轻，不溶于水。苯的沸点是 80.1℃，熔点是 5.5℃。

苯有毒，无论是皮肤接触或是吸入其蒸气，均可引起中毒。人在短时间内吸入高浓度的苯，可出现中枢神经系统麻醉作用，轻者有头晕、头痛、恶心、胸闷、乏力、意识模糊等症状，重者可致昏迷以致呼吸、循环衰竭而死亡。长期吸入苯蒸气会出现白细胞减少和血小板减少，严重时可使骨髓造血机能发生障碍，导致再生障碍性贫血。若造血功能完全被坏，可发生致命的白细胞消失症，发生白血病。苯已经被世界卫生组织确定为强致癌物质。

苯主要存在于油漆、油漆稀释剂、塑料制品、各种黏合剂、防水材料、劣质涂料中，它会随着温度的升高而加大释放量。因具有强烈芳香气味，故称为芳香杀手。

3. 苯的化学性质

苯具有特殊的环状结构，化学性质比较稳定。在一般情况下不与溴水或酸性 $KMnO_4$ 溶液发生反应。但在一定条件下，苯也可以发生一些化学反应。

(1) 取代反应

苯分子中的氢原子能被其他原子或原子团所取代发生取代反应。根据反应物的不同又可以分为卤代反应和硝化反应。

① 卤代反应　苯在铁的催化下，可与卤素发生卤代反应，生成卤苯和卤化氢。

【实验 5-5】 把苯和少量液态溴放在烧瓶里，同时加入少量铁屑作催化剂，用带有导管的瓶塞塞紧瓶口。在常温下，很快就会看到在导管口附近出现白雾（溴化氢遇水蒸气所形成）。反应完毕，把烧瓶里的液体倒入盛有冷水的烧杯里，观察烧杯底部有何现象。

通过实验可以看到，烧杯底部有褐色不溶于水的液态物质——溴苯。溴苯本身是无色液体，由于溶解有少量溴而呈褐色。反应方程式为：

$$C_6H_6 + Br_2 \xrightarrow{Fe} C_6H_5Br + HBr\uparrow$$

溴苯

② 硝化反应　苯与浓硝酸和浓硫酸的混合物（俗称混酸）在 50～60℃下反应，生成硝基苯和水。反应时浓硫酸既作为催化剂又作为脱水剂。

$$C_6H_6 + HNO_3 \xrightarrow[50\sim60^\circ C]{浓\ H_2SO_4} C_6H_5NO_2 + H_2O$$

硝基苯

烃分子中的氢原子被硝基所取代的反应叫作硝化反应。

硝基苯是一种具有苦杏仁味的无色油状液体（不纯的硝基苯呈浅黄色），密度比水大，有毒，使用时要特别小心。

硝基苯是制造燃料和农药的重要原料。

（2）加成反应

苯不具有典型的双键，但在一定条件下，可与氢气、氯气发生加成反应。如苯与氯气的反应。

$$C_6H_6 + 3Cl_2 \xrightarrow{\text{日光或紫外光}} C_6H_6Cl_6$$

六六六

六氯环己烷，俗称六六六，分子式为 $C_6H_6Cl_6$，白色晶体。六六六是过去经常用的一种农药，对昆虫有触杀、熏杀和胃毒作用，稳定性强，不易分解。但是大量使用六六六可直接造成对农作物的污染，同时农药残留在水和土中，通过食物链进入人体。而人体不能通过新陈代谢把六六六排出体外，当积累到一定程度，就会使人中毒。所以目前已禁止使用六六六。

（3）氧化反应

苯在空气中可以燃烧，生成二氧化碳和水，常因燃烧不完全而发出带有浓烟的明亮火焰。由于苯环比较稳定，所以苯不与强氧化剂发生氧化反应。

苯是一种很重要的化工原料，广泛用于合成纤维、合成橡胶、塑料、农药、染料、香料等，苯也是一种常用的有机溶剂。

二、致癌芳香烃

具有致癌作用的多环芳香烃及其衍生物有 200 多种，其中苯并芘是多环芳烃的典型代表。在所有的致癌物中，苯并芘的致癌能力最强。其结构如下：

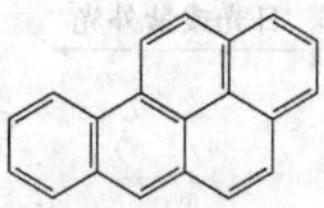

致癌多环芳烃主要来源有：

① 各种烟尘，包括煤烟、油烟、柴草烟、烟草烟等，汽车、飞机及各种机动车辆所排出的废气中均含有多种致癌性稠环芳香烃。

② 经过煤、炭和植物燃料等明火熏烤的食品，如熏鱼、熏肉、熏肠、烤羊肉串等直接受到污染，特别是鱼或肉焦煳后会产生强致癌物。

③ 食品成分在高温烹调加工时发生热解或热聚反应形成这些物质进入人体。

④ 植物性食品可吸收土壤、水和大气中的污染物。

⑤ 植物和微生物可合成微量多环芳烃。

多环芳烃进入体内后，经某些生物化学变化转变为较活泼的物质，与机体中的遗传物质脱氧核糖核酸（DNA）结合，从而引起细胞异常，导致癌变。

阅读

石 油

石油和煤属于化石燃料，是宝贵的地下矿物资源，它们既是当今最主要的能源，又是十分重要的化工原料，如可用于制造医药、染料、炸药、塑料、化肥等。

石油是古代动植物遗体在地壳内经过漫长的复杂的演化而形成的。石油刚开采出来时叫作原油，是一种黏稠的、深褐色液体，有特殊的气味，密度比水小，不溶于水，无固定的熔点和沸点。石油在使用前必须经过加工处理，才能得到各种用途的石油产品。

石油的成分很复杂，其主要组成成分是烷烃，另外还有环烷烃、芳香烃等。不同产地的石油，其成分不尽相同。

石油经过分馏、裂化等加工处理，可得到多种汽油、煤油、柴油等轻质液体燃料和重油（见表 5-5），以及多种化工原料。目前，石油裂解已成为生产乙烯的主要方法。

表 5-5 石油分馏的产品和用途

分馏产品		沸点范围	含碳原子数	用途
石油气		先分馏出	C_1～C_4	气体燃料
汽油		70～80℃	C_5～C_{10}	重要的内燃机燃料和溶剂
煤油		180～280℃	C_{10}～C_{16}	拖拉机燃料和工业洗涤剂
柴油		280～350℃	C_{17}～C_{20}	重型汽车、军舰、坦克、轮船、拖拉机和各种柴油机的燃料
重油	润滑油	360℃以上	C_{16}～C_{20}	机械润滑剂和防锈剂
	凡士林		C_{18}～C_{20}	润滑剂、防锈剂和药物软膏原料
	石蜡		C_{20}～C_{30}	制造蜡纸、蜡烛和绝缘材料
	沥青		C_{30}～C_{40}	筑路和建筑材料，也是防腐涂料

我国是世界上石油资源蕴藏丰富的国家之一，也是最早发现和使用石油的国家。早在汉代就有关于石油的记载。新中国成立前，我国的石油工业很落后，基本上没有自己的石油工业。新中国成立后，我国开发和建立了大庆、胜利、大港、华北、中原、克拉玛依等大型石油基地。目前，一些新的油田正在勘探和建设中。

练习题

一、填空题

1. 苯是一种________色、________气味的________体，________溶于水。苯属于________烃，苯的结构简式是________。

2. 近代物理化学研究已证明苯环中的 6 个碳碳键都是________同的，它和一般的单、双键________同，而是一种介于________之间的特殊的键，因此，表示苯结构简式可以是________，但习惯上用________表示，它是德国化学家________首先提出的。

3. 苯是芳香烃的________，苯环上的________原子被烷基取代后得到一系列的同系物。

二、选择题

1. 下列物质中既能使 $KMnO_4$ 酸性溶液褪色，又能使溴水褪色的是（　　）。

A. 乙炔　　B. 环丙烷

C. 乙烷　　D. 甲苯

2. 下列物质中不能使酸性 $KMnO_4$ 溶液褪色的是（　　）。

A. 丙烯　　B. 乙烯

C. 戊烷　　D. 丙炔

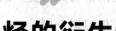

第六章 烃的衍生物

烃分子中的氢原子被其他原子或原子团取代后的生成物，叫作烃的衍生物。烃的衍生物种类很多，本章将分别以乙醇、苯酚、乙醛、乙酸等为代表物，着重介绍醇、酚、醛、羧酸等烃的含氧衍生物。

第一节 醇和酚

学习目标

1. 认识醇、酚的结构特点，会识别其类型。

2. 掌握醇、酚的主要理化性质。

3. 了解醇、酚在生产、生活中的应用。

醇和酚的分子结构特点都是分子中含有官能团羟基（—OH）。羟基与链烃基相连的是醇，羟基直接与芳香烃基相连的是酚。本节主要介绍醇和酚的重要代表物乙醇和苯酚。

一、乙醇

1. 乙醇的分子结构

乙醇是酒的主要成分，俗名叫酒精，是我们比较熟悉的一种有机物。乙醇可以看作是乙烷分子中的 1 个氢原子被—OH 取代后的生成物。

结构式

$$\begin{array}{c} \quad H \quad H \\ \quad | \quad\;\; | \\ H-C-C-O-H \\ \quad | \quad\;\; | \\ \quad H \quad H \end{array}$$

结构简式　　$CH_3—CH_2—OH$ 或 $C_2H_5—OH$

分子式　　C_2H_6O

2. 乙醇的物理性质

常温下，纯净的乙醇是无色有特殊香味的液体，易挥发，能与水以任意比例互溶。密度为 $0.8g/cm^3$，沸点为 78.5℃。乙醇是一种重要的有机溶剂，能溶解多种有机物和无机物。

3. 乙醇的化学性质

乙醇分子可以看作是由乙基（$CH_3—CH_2—$）和羟基（—OH）结合而成的，分子中的 O—H 键和 C—O 键都比较活泼，因此，乙醇的化学性质主要发生在 O—H 键和 C—O 键两个部位。

趣味化学　　**不怕火烧的手帕**

杯子里放入 2 份酒精、1 份清水，充分混合。然后取一块棉质手帕，浸入溶液里。浸透以后，拿出来绕在一支木棒上，点火燃烧。你会看到手帕燃烧得很盛，好像这块手帕立刻就要烧成灰似的。但等到火焰减小的时候，迅速摇动木棒，使火熄灭。再细看手帕，竟然毫无损伤，就连一点焦斑也没有。

这是因为酒精虽然是容易燃烧的物质，但水是不能燃烧的，当酒精快要烧完的时候，手帕上的水蒸发得较少，仍有大量的水存在着，所以手帕就燃不着。

(1) 与金属钠的反应

【实验 6-1】 向 1 支盛有 2mL 无水乙醇的试管中，加入一小块刚切下的擦去煤油的金属钠，观察现象。检验反应中放出的气体。

乙醇与金属钠发生反应并放出气体。这是因为金属钠置换出了羟基中的氢原子，生成乙醇钠，并放出氢气。

$$2CH_3CH_2OH + 2Na \longrightarrow 2CH_3CH_2ONa + H_2\uparrow$$

此反应类似于水与钠的反应，但比水与钠的反应要缓和得多。

(2) 氧化反应

乙醇在空气中燃烧时，发出浅蓝色的火焰，并放出大量的热。

$$CH_3CH_2OH+3O_2\xrightarrow{点燃}2CO_2+3H_2O$$

【实验 6-2】 把盛有 3～4mL 无水乙醇的试管浸入 50℃左右的热水中。将一束细铜丝放在酒精灯上加热，然后立即把它插入上述试管中。这样反复操作几次，注意闻生成物的气味，并观察铜丝表面的变化。

乙醇蒸气在加热和有催化剂（Cu 或 Ag）存在下，也能被空气中的氧气氧化生成乙醛（CH_3CHO）。

$$2CH_3CH_2OH+O_2\xrightarrow[\triangle]{Cu或Ag}\underset{乙醛}{2CH_3CHO}+2H_2O$$

（3）脱水反应

当乙醇与浓 H_2SO_4 共热至 170℃时，乙醇分子内脱去一分子水，生成乙烯。

$$\underset{H\qquad OH}{CH_2-CH_2}\xrightarrow[170℃]{浓H_2SO_4}H_2C=CH_2+H_2O$$

这种有机化合物在适当的条件下，从 1 个分子中脱去 1 个小分子（如水、卤化氢等），而生成不饱和（含双键或叁键）化合物的反应，叫作消去反应。

4. 乙醇的工业制法

一般用淀粉发酵法或乙烯直接水化法制取乙醇。

（1）乙烯水化法

在加热、加压和有催化剂存在的条件下，乙烯与水直接反应，生产乙醇：

$$CH_2{=}CH_2 + H{-}OH \xrightarrow[\text{加热、加压}]{\text{催化剂}} CH_3CH_2OH$$

原料乙烯可大量取自于石油裂解气，成本低，产量大，因此发展很快。

（2）发酵法

发酵法是将富含淀粉的农产品，如谷类、薯类等，经水洗、粉碎后，进行加压蒸煮，使淀粉糊化，再加入一定量的水，冷却至 60℃左右并加入淀粉酶，使淀粉依次水解为麦芽糖和葡萄糖，然后加入酵母菌进行发酵制得乙醇。在相当长的历史时期内，发酵法曾是生产乙醇的唯一工业方法。

5. 乙醇的用途

乙醇是重要的有机合成原料，可制备乙酸、乙醚、农药、纤维、合成橡胶等多种产品，是应用最广的一种醇。体积分数为 70%～75%的乙醇溶液对细菌有较好的杀灭效果，所以医疗上用作消毒剂。

乙醇是良好的溶剂，在医药上常用来配制药酒、碘酒（碘的酒精溶液）以及提取某些中草药的有效成分。

知识拓展　为什么酒越陈越香

一般普通的酒，为什么埋藏了几年就变为美酒呢？白酒的主要成分是乙醇，还含有少量的乙酸。把酒埋在地下，保存好，放置几年后，乙醇就和白酒中少量的乙酸发生化学反应，生成的 $CH_3COOC_2H_5$（乙酸乙酯）具有果香味。上述反应虽为可逆反应，反应速度较慢，但时间越长，也就有越多的乙酸乙酯生成，因此酒越陈越香。

6. 重要的醇

（1）甲醇

甲醇最早是由木材干馏制得，故又称木醇。甲醇是无色易挥发的液体，有酒味，易溶于水。甲醇有毒，误饮10mL 能使人双目失明，误饮 30mL 会导致死亡。皮肤长期接触或吸入蒸气也能使人中毒。

甲醇是重要的化工基础原料，广泛用于医药、农药、染料等领域。

（2）丙三醇

俗称甘油，是无色、黏稠、有甜味的液体，能与水以任意比例互溶，并能吸收空气中的水分，具有很强的吸湿性。所以，甘油的用途很广泛，常用作化妆品、皮革、烟草、食品等的吸湿剂。此外，甘油可用来制造三硝酸甘油酯（俗称硝酸甘油），它是缓解心绞痛药物的主要成分，也是一种炸药。

丙三醇除具有醇的通性外，由于分子中三个羟基的相互影响而表现出微弱的酸性，能与新制的氢氧化铜反应，生成深蓝色的甘油铜。利用这一反应可鉴别多元醇的存在。

$$\begin{array}{l} CH_2-OH \\ | \\ CH-OH \\ | \\ CH_2-OH \end{array} + Cu(OH)_2 \longrightarrow \begin{array}{l} CH_2-O \diagdown \\ | \qquad\qquad Cu \\ CH-O \diagup \\ | \\ CH_2-OH \end{array} + 2H_2O$$

甘油　　　　　　　　甘油铜(深蓝色)

二、苯酚

1. 苯酚的分子结构

苯酚俗名石炭酸，苯酚是苯环上的一个氢原子被羟基取代后的生成物，是最简单的酚，也是酚的代表物。

结构简式　C_6H_5-OH（苯环—OH）

分子式　C_6H_6O

2. 苯酚的物理性质

纯净的苯酚是无色晶体，易受空气中氧的氧化而呈现粉红色或深红色，因此，苯酚要密闭保存。苯酚的熔点43℃，沸点182℃，具有特殊气味；常温时，苯酚微溶于水，溶液呈浑浊状，在热水中溶解度增大，当温度高于65℃时能与水以任意比例混溶。苯酚还易溶于乙醇、乙醚等有机溶剂。苯酚有毒，对皮肤有强烈的腐蚀性，如果不慎溅到皮肤上，应立即用酒精洗涤。

3. 苯酚的化学性质

苯酚中的羟基与苯环直接相连。由于苯环与羟基的相互影响，苯酚表现出一些与醇不同的性质。

（1）苯酚的弱酸性

【实验 6-3】 如图 6-1 所示，向盛有少量苯酚晶体的试管中，加入 2mL 蒸馏水，振荡，观察有何现象？然后往试管中逐滴加入 5％的 NaOH 溶液，振荡，观察现象。将 CO_2 通入上述苯酚钠溶液，又会有什么现象？

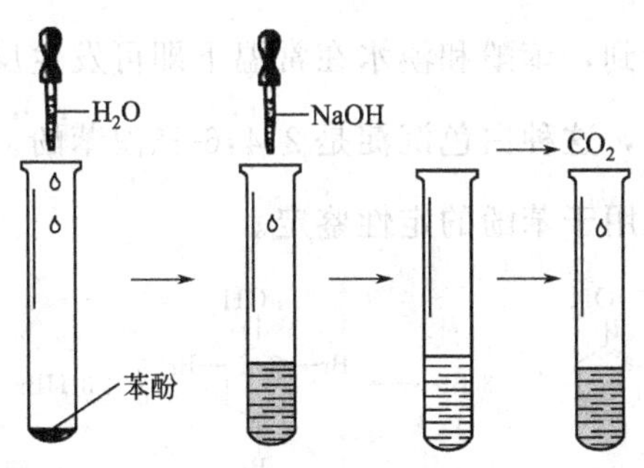

图 6-1　验证苯酚的酸性

可以看到，苯酚晶体中加入蒸馏水后溶液呈浑浊状，加入 NaOH 溶液后，浑浊逐渐消失，最后变为澄清透明。这是因为苯酚与 NaOH 发生了反应，生成了易溶于水的苯酚钠。

$$\text{C}_6\text{H}_5\text{-OH} + \text{NaOH} \longrightarrow \text{C}_6\text{H}_5\text{-ONa} + \text{H}_2\text{O}$$

苯酚钠

向澄清的苯酚钠溶液中通入二氧化碳，溶液又变浑浊，苯酚重新游离出来。

$$C_6H_5ONa + CO_2 + H_2O \longrightarrow C_6H_5OH\downarrow + NaHCO_3$$

从反应可以看出，苯酚的酸性比碳酸还弱。

(2) 取代反应

由于酚羟基对苯环的影响，苯环上的氢很容易被其他原子或基团取代。

【实验 6-4】 向盛有少量苯酚溶液的试管中，逐滴滴加饱和溴水，振荡，观察实验现象。

可以看到，苯酚和溴水在常温下即可发生反应，生成了白色沉淀，这种白色沉淀是2,4,6-三溴苯酚。此反应比较灵敏，常用于苯酚的定性鉴定。

$$C_6H_5OH + 3\,Br_2 \longrightarrow C_6H_2Br_3OH\downarrow + 3\,HBr$$

2,4,6-三溴苯酚

(3) 与三氯化铁的显色反应

【实验 6-5】 向盛有少量苯酚溶液的试管中，滴入几滴3% $FeCl_3$溶液，观察溶液颜色的变化。

可以看到，苯酚与$FeCl_3$溶液作用显紫色，该反应常用于检验苯酚的存在。

4. 苯酚的用途

苯酚是一种重要的有机合成原料，多用于制造合成纤维（如尼龙）、炸药、染料、农药、医药等。

苯酚能凝固蛋白质，可用作消毒剂和防腐剂。纯净的苯酚可制成洗涤剂和软膏，有杀菌和止痛作用，药皂中通常也掺入少量的苯酚。

5. 甲苯酚

甲苯酚是由三种同分异构体组成的混合物。

邻甲苯酚　　间甲苯酚　　对甲苯酚

甲苯酚的三种异构体都存在于煤焦油中，不易分离，故其混合物也叫煤酚。甲苯酚杀菌能力比苯酚强，是良好的消毒剂。甲苯酚难溶于水，易溶于肥皂液中，医药上常用的“来苏儿”，就是含甲苯酚混合物47%～53%的肥皂溶液，用于机械消毒和环境消毒。

阅读

甲醇与假酒中毒

甲醇（$CH_3—OH$）是无色透明、有酒精气味的液体，能与水、乙醇等互溶。甲醇的毒性是非常大的，在体内经酶的作用，先氧化成甲醛，继而氧化成甲酸。甲酸导致酸中毒症状；甲醛则对视网膜细胞有特殊的毒性作用，还可引起神经系统的功能障碍，对肝脏也有毒性作用。

甲醇可经消化道、呼吸道、皮肤接触进入人体，主要聚集在脑脊液、眼房水和玻璃体内，经肺缓慢排出一些，肾脏也可排出小部分，因此这些组织受到的损害最大。甲醇中毒主要造成脑水肿、脑充血、脑膜出血，视神经和视网膜萎缩，肺充血、水肿和肝、肾水肿等。人体摄入 5～10mL 甲醇即可引起中毒，10mL 以上可造成失明，30mL 可导致死亡。

甲醇在工业上主要用来制备甲醛、氯仿以及做油漆的溶剂等。在实际工作中，应尽量避免使用甲醇，尤其是有神经系统疾患及眼病者。必须使用时，所用仪器设备应充分密闭，皮肤污染后应及时冲洗，以免受到甲醇的毒害。

工业酒精中往往含有甲醇。一些不法分子为利益所驱使，用含有甲醇的工业酒精勾兑白酒制假销售。1998 年震惊全国的山西假酒事件，就造成上千人头晕、头痛、眼球疼痛、视物模糊等症状；数百人有呕吐、腹痛、眼前闪光及雾感、眼底静脉扩张等症状；数十人剧烈头痛、眩晕、幻觉、意识模糊、出冷汗、酸中毒、失明；严重的很快休克、昏迷、中毒死亡。

怎样用化学方法检测气体中是否存在乙醇？

经硫酸酸化的重铬酸钾溶液能够检测出气体中是否有乙

醇存在。乙醇蒸气接触到重铬酸钾时，会被重铬酸钾氧化为乙醛，同时橙色的重铬酸钾被还原为绿色的硫酸铬。若发现重铬酸钾溶液明显变色，则可以证明有乙醇蒸气存在。

练习题

一、填空题

1. 甲醇、乙醇、丙三醇的结构简式分别为________、________、________；是饮用酒的成分的是________；俗称甘油的是________；有毒的是________。醇分子中的________叫________基，是醇的官能团。

2. 乙醇发生分子内脱水的反应温度为________℃，生成物是________，其结构简式为____________，硫酸在反应中的作用是____________________。

3. 医疗上用作消毒剂的乙醇的体积分数为________。

4. 常温时，苯酚________溶于水，在________水中溶解度增大。

5. 苯酚具有________性，能和强碱发生反应。

6. 苯酚具有腐蚀性，如不慎溅到皮肤上，应立即用________洗涤。

二、选择题

1. 下列有机物中，能与 $FeCl_3$ 溶液发生显色反应的是

（ ）。

A. 乙醇　　B. 苯酚　　C. 乙醚　　D. 苯

2. 向下列溶液中通入CO_2后，能使溶液变浑浊的是（　　）。

A. 苯酚钠溶液　　B. 氢氧化钠溶液

C. 醋酸钠溶液　　D. 碳酸钠溶液

3. 现有乙醇、苯酚、石灰水三种无色溶液，现用一种试剂鉴别，这种试剂是（　　）。

A. $FeCl_3$　　B. NaOH　　C. 溴水　　D. $NaHCO_3$

4. 下列叙述中不正确的是（　　）。

A. 分子内含有苯环和羟基的有机物一定是酚

B. 苯酚和乙醇都具有杀菌作用

C. 苯酚的酸性弱到不能使指示剂变色

D. 苯酚易被空气氧化，因此要密封保存

5. 能使溴水褪色且有白色沉淀生成的是（　　）。

A. 甲苯　　B. 苯酚　　C. 乙醇　　D. 甲酚

三、在澄清的苯酚溶液中通入二氧化碳，溶液变浑浊；再通入氢氧化钠溶液，溶液又变得澄清。为什么？

四、鉴别题

1. 苯酚和乙醇　　2. 乙醇和丙三醇

第二节 ▶▶ 醛和酮

学习目标

1. 认识醛、酮的结构特点，会识别其类型。
2. 掌握醛、酮的主要理化性质。
3. 了解醛、酮在生产、生活中的应用。

醛、酮分子中都含有 $-\overset{\overset{\large O}{\|}}{C}-$（羰基）原子团。在羰基的碳原子上连接一个氢原子的原子团，叫作醛基（$-\overset{\overset{\large O}{\|}}{C}-H$ 或 —CHO），醛基是醛类的官能团。

醛是烃基与醛基相连而构成的化合物（甲醛除外）。醛的通式为 $R-\overset{\overset{\large O}{\|}}{C}-H$ 或 RCHO。最具代表性的是乙醛。

酮是羰基与两个烃基相连而构成的化合物。酮的通式为 $R-\overset{\overset{\large O}{\|}}{C}-R'$，其中 R 和 R′可以相同，也可以不同。酮分子中的羰基又叫酮基，酮基是酮的官能团。最简单的酮是丙酮。本节重点介绍乙醛和丙酮。

一、乙醛

1. 乙醛的分子结构

乙醛的结构式为 $CH_3-\overset{\overset{\large O}{\|}}{C}-H$，结构简式为 CH_3-CHO，分子式为 C_2H_4O。

2. 乙醛的物理性质

乙醛是一种无色、有刺激性气味的液体，易挥发，易燃烧。沸点 21℃，密度 $0.78g/cm^3$，能与水、乙醇、乙醚、氯仿等互溶。

3. 乙醛的化学性质

乙醛的分子结构中含有比较活泼的醛基，其化学性质主要发生在醛基部位。

(1) 还原反应

在催化剂 Ni 的催化下，乙醛能与氢原子加成而被还原，生成乙醇。

$$CH_3-\overset{\overset{\Large O}{\|}}{C}-H + H_2 \xrightarrow[\triangle]{Ni} CH_3-CH_2-OH$$

(2) 氧化反应

由于醛的羰基碳原子连有氢原子，因此醛不仅可以被强氧化剂氧化，还可以被弱氧化剂氧化。常用来氧化醛的弱氧化剂有托伦试剂和费林试剂。

① 与托伦试剂的反应

【实验 6-6】 取一支干净的试管，加入 2mL 2% $AgNO_3$ 溶液，然后边逐滴加入 2%稀氨水边振荡试管，直到最初生成的沉淀恰好溶解为止。这样得到的溶液叫作银氨溶液，也叫托伦试剂，其主要成分是 $Ag(NH_3)_2OH$。

另取两支试管，如图 6-2 所示，将上述银氨溶液分成

2 份，再分别加入 3 滴乙醛和丙酮，振荡后把试管放入热水浴中加热，过一会儿，观察两支试管的内壁上有什么变化？

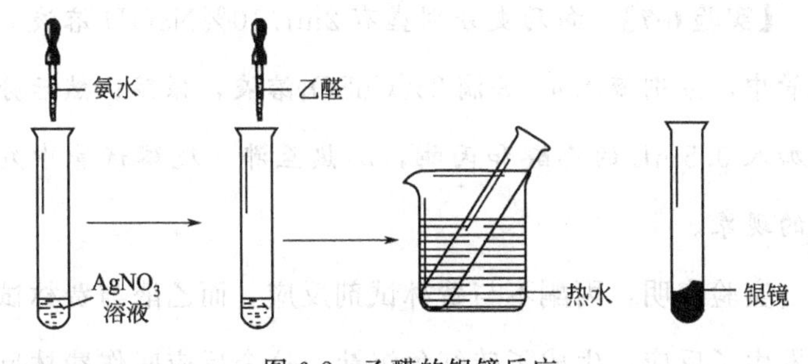

图 6-2 乙醛的银镜反应

可以看到，滴入乙醛的试管内壁上形成光亮的银镜，而滴入丙酮的试管内没有发生变化。这是因为银氨溶液与乙醛作用，乙醛被氧化成乙酸，银氨溶液中的银离子被还原成金属银，附着在试管内壁上，形成银镜，所以这个反应叫作银镜反应。反应方程式如下：

$$CH_3CHO+2Ag(NH_3)_2OH \xrightarrow{\triangle} CH_3COONH_4+2Ag\downarrow+3NH_3\uparrow+H_2O$$

含有醛基的化合物都能发生银镜反应，因此银镜反应常用来检验醛基的存在。工业上利用这一原理，把银均匀地镀在玻璃上制镜或制保温瓶胆。

② 与费林试剂的反应　费林试剂分为 A 液和 B 液。A 液为 $CuSO_4$ 溶液，B 液为 NaOH 和酒石酸钾钠溶液。

使用时等体积混合，新生成的Cu（OH)$_2$溶解在酒石酸钾钠溶液中，形成深蓝色的溶液，就是费林试剂，其主要成分是新制的氢氧化铜，能氧化乙醛而不能氧化丙酮。

【实验6-7】 向两支分别盛有2mL 10%NaOH溶液的试管中，分别滴入4～8滴2%$CuSO_4$溶液，振荡；然后分别加入0.5mL的乙醛和丙酮，加热至沸。观察试管中发生的现象。

实验表明，丙酮不与费林试剂反应，而乙醛与费林试剂发生了反应，生成了砖红色沉淀。这个反应叫作费林反应。反应方程式为：

$$CH_3CHO+2Cu(OH)_2 \xrightarrow{\triangle} CH_3COOH+Cu_2O\downarrow+2H_2O$$

（砖红色）

银镜反应和费林反应是醛基的特有反应，常用来区别醛和酮。

4. 乙醛的用途

乙醛是重要的化工原料，常用来生产乙酸、三氯乙醛等。水合三氯乙醛（简称水合氯醛）在医药上用作催眠镇静剂和麻醉剂。

5. 重要的醛

（1）甲醛

甲醛又叫蚁醛，是分子结构最简单的醛。常温下为无色气体，具有强烈刺激性气味，易溶于水，沸点为－19.5℃。

甲醛能使蛋白质凝固，具有杀菌作用，所以常用作消毒剂和防腐剂。质量分数为35%～40%的甲醛水溶液又称为福尔马林，是常用的杀菌消毒剂。福尔马林广泛用来浸制生物标本，农业上可以用来浸种消毒，也可用来防治小麦黑穗病。

甲醛也是一种重要的化工原料，多用于制药、塑料工业、合成纤维工业等。

（2）苯甲醛

苯甲醛是最简单的芳香醛，其结构式为：

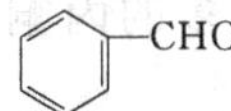

苯甲醛以结合态天然存在于苦杏仁油、藿香油、风信子油等精油中，有时也称苦杏仁油。苯甲醛纯品是无色液体，微溶于水，易溶于乙醇、乙醚、苯等有机溶剂。

苯甲醛的化学性质与乙醛相似，但苯甲醛不能还原费林试剂，所以可用费林试剂鉴别乙醛和苯甲醛。

苯甲醛是有机化工原料，也可做香料。

二、丙酮

1．丙酮的分子结构

丙酮的结构式为 $CH_3-\overset{\overset{\displaystyle O}{\|}}{C}-CH_3$ ，分子式为 C_3H_6O。

2. 丙酮的性质

丙酮是一种无色、易挥发、略带芳香气味的易燃液体，沸点56.2℃，密度0.7899g/cm^3。能与水、乙醇、乙醚等以任意比例互溶，还能溶解脂肪、树脂和橡胶等有机物。

3. 丙酮的用途

丙酮是良好的有机溶剂，也是重要的化工原料，广泛应用于制造油漆、胶片、人造丝等方面。

生物体的新陈代谢中常有丙酮产生，代谢不正常的糖尿病人的尿中，常含有较多的丙酮。

阅读

甲醛对人体健康的危害

现代科学研究表明，甲醛对人体健康有负面影响。当室内空气中甲醛含量达到0.1mg/m^{3}时就有异味和不适感；0.5mg/m^{3}可刺激眼睛引起流泪；0.6mg/m^{3}时引起咽喉不适或疼痛；随着浓度升高还可引起恶心、呕吐、咳嗽、胸闷、气喘；当大于65mg/m^{3}时可以引起肺炎、肺水肿等损伤，甚至导致死亡。

长期接触低剂量甲醛（0.017～0.068mg/m^3）可以引起慢性呼吸道疾病，女性月经紊乱、妊娠综合征，引起新生儿体质降低、染色体异常，甚至引起鼻咽癌。高浓度的甲醛对神经系统、免疫系统、肝脏等都有毒害，长期接触较高浓度的甲醛会出现急性精神抑郁症。甲醛还有致畸、致癌作用。据流行病学调查，长期接触甲醛的人，可引起鼻腔、口腔、鼻咽、咽喉、皮肤和消化道的癌症，国际癌症研究所已建议将其作为可疑致癌物。

各种人造板材（刨花板、纤维板、胶合板等）中由于使用了黏合剂，因而可能含有甲醛。家具的制作，墙面、地面的装饰铺设，都要使用黏合剂。凡是大量使用黏合剂的地方，总会有甲醛释放。此外，某些化纤地毯、油漆涂料也含有一定量的甲醛。甲醛还可来自化妆品、清洁剂、杀虫剂、消毒剂、防腐剂、印刷油墨、纸张、纺织纤维等多种化工产品。

练习题

一、填空题

1. 乙醇蒸气在热的催化剂（Cu 或 Ag）存在下，被氧化生成________，其结构式为________，官能团是________叫作________基。

2. 丙酮的结构式为________，官能团是________叫作________基。

二、选择题

1. 下列有机物中，既能被$KMnO_4$氧化，又能被托伦试剂氧化的是（　）。

A. 乙醛　B. 甲烷　C. 丙酮　D. 苯

2. 丙酮不能被费林试剂氧化，说明（　）。

A. 丙酮不易被氧化

B. 费林试剂中不含NaOH

C. 丙酮分子中没有羟基

D. 费林试剂是弱氧化剂，$KMnO_4$是强氧化剂。

三、鉴别题

1. 乙醛和丙酮　2. 乙醛和苯甲醛

第三节 ▶▶ 羧酸和酯

学习目标

1. 认识羧酸和酯的结构特点，会识别其类型。

2. 掌握羧酸和酯的主要理化性质。

3. 了解主要羧酸和酯在生产、生活中的应用。

羧酸可看作是烃分子中的氢原子被羧基（—COOH）

取代而形成的化合物。一元羧酸的通式是：R—COOH。羧基是羧酸的官能团。酯是酸与醇作用脱水生成的化合物。酯的通式为：$R-\overset{\overset{\large O}{\|}}{C}-O-R'$ 。

一、乙酸

乙酸俗名醋酸，日常生活中经常使用的调味品——食醋中就含有 3%～9%的乙酸。我国劳动人民很早就用大米、高粱、麸皮、柿子等有机物在微生物的作用下发酵转化为乙酸的方法来制取食醋。乙酸还以盐、酯或游离态形式存在于动植物体内。

1. 乙酸的分子结构

乙酸的分子式为 $C_2H_4O_2$，结构式为 $CH_3-\overset{\overset{\large O}{\|}}{C}-OH$ ，结构简式为 CH_3COOH。在分子结构中，乙酸可看作是甲基（$-CH_3$）和羧基（ $-\overset{\overset{\large O}{\|}}{C}-OH$ 或—COOH）相连而构成的有机物。羧基是乙酸的官能团。

2. 乙酸的物理性质

乙酸是一种无色、有强烈刺激性酸味的液体，沸点 117.9℃，熔点 16.6℃。当温度低于 16.6℃时，乙酸就凝结成冰状的晶体，所以无水乙酸又称为冰乙酸。乙酸易溶于水、醇、乙醚等许多有机物中。

3. 乙酸的化学性质

羧基是乙酸的官能团，乙酸的化学性质主要由羧基决定。

(1) 酸性

乙酸具有酸的通性，能使石蕊试纸变红，能与碱、盐等发生复分解反应生成盐。

$$CH_3COOH + NaHCO_3 \longrightarrow CH_3COONa + CO_2\uparrow + H_2O$$

乙酸是一种弱酸，但比碳酸和苯酚的酸性强。

趣味化学　　会变形的鸡蛋

你们见过会变形的鸡蛋吗？一般情况下蛋壳硬而脆，如果非要使鸡蛋变形，除非把它敲碎。然而却有一个不用敲碎就能使鸡蛋变形的方法。

表演：把一枚鲜鸡蛋放进一个口比鸡蛋略小些的花瓶里，怎么都放不进去。转移观众注意力后，偷偷把鸡蛋换成“会变形”的鸡蛋，通过挤压，鸡蛋进入花瓶。

这是因为蛋壳的主要成分是碳酸钙，碳酸钙不溶于水且比较坚硬。醋酸能缓慢地与碳酸钙反应生成可溶性醋酸钙，同时产生二氧化碳和水。所以将鸡蛋泡在醋中，蛋壳会被醋酸慢慢软化，变得富有弹性。

(2) 酯化反应

在有浓硫酸存在并加热的条件下，乙酸与乙醇发生反应，生成乙酸乙酯。

【实验 6-8】 在 1 支试管里加入 3mL 乙醇和两小块碎瓷片，然后边摇动边慢慢滴加 2mL 浓 H_2SO_4 和 2mL 乙酸。用酒精灯均匀地加热试管，在试管口可闻到水果香味。按图 6-3 连接好装置，均匀地加热数分钟后，产生的蒸气经导管通入饱和碳酸钠溶液液面上方，观察现象。

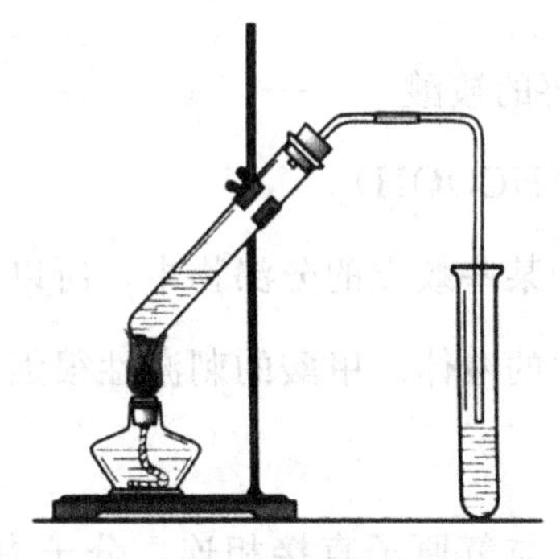

图 6-3　乙酸乙酯的制备

可以看到，在液面上有透明的油状液体生成，并可闻到香味。这种有香味的物质就是乙酸乙酯。

$$CH_3-\overset{\overset{\displaystyle O}{\|}}{C}-OH + H-O-C_2H_5 \underset{\triangle}{\overset{\text{浓}H_2SO_4}{\rightleftharpoons}} CH_3-\overset{\overset{\displaystyle O}{\|}}{C}-O-C_2H_5 + H_2O$$

这个反应是可逆的，生成的乙酸乙酯在同样条件下，又能部分发生水解生成乙酸和乙醇。浓 H_2SO_4 在该反应中起催化剂和脱水剂的作用。这种醇与酸脱水生成酯的反应，称为酯化反应。

知识拓展　醋为什么可以解酒

食醋能解酒，因为食醋里含有3%～5%的乙酸，乙酸能跟乙醇发生酯化反应生成乙酸乙酯。同样道理，水果也能解酒。因为水果里含有机酸，例如苹果里含有苹果酸，柑橘里含有柠檬酸，葡萄里含有酒石酸等。有机酸也能与乙醇相互作用而形成酯类物质，从而达到解酒的目的。

4. 几种重要的羧酸

(1) 甲酸（HCOOH）

甲酸存在于某些蚁类的分泌物中，所以又名蚁酸。它是无色有刺激性的液体。甲酸的刺激性很强，酸性也比其他的羧酸强。

甲酸的羧基与氢原子直接相连，分子中既具有醛基，又具有羧基：

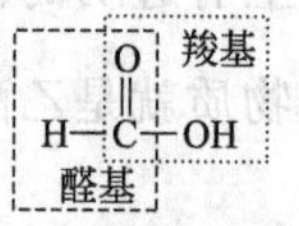

因此，甲酸除具有羧酸的性质外，还具有醛类的一些性质。例如，甲酸有还原性，能发生银镜反应，也能使酸性高锰酸钾溶液褪色，这些反应常用于甲酸的定性鉴定。

甲酸具有杀菌能力，可作防腐剂。医药上用它的水溶液作为风湿症外用药。在工业上甲酸是一种良好的还原剂和橡胶凝结剂。

(2) 乙二酸 (HOOC—COOH)

乙二酸常以盐的形式存在于许多草本植物（如大黄、草莓、菠菜）和藻类中，因而俗称草酸。草酸是无色柱状晶体，易溶于水而不溶于乙醚等有机溶剂。

草酸的酸性比乙酸强，它除具有羧酸的通性外，还有一些特性，例如还原性。在酸性溶液中，草酸能还原高锰酸钾并使之褪色。在分析化学上常用草酸标定高锰酸钾溶液的浓度。

(3) 苯甲酸（C_6H_5—COOH）

苯甲酸是最简单的芳香酸，常以酯的形式存在于树脂和安息香胶中，所以俗名叫安息香酸。纯苯甲酸是一种白色针状晶体，熔点 122.4℃，易升华，其蒸气有强烈的刺激性。难溶于冷水，易溶于热水、酒精中。

苯甲酸具有抑菌防腐作用，同时毒性很低，常用作食品、药剂和日用品的防腐剂。

二、酯

1. 酯的结构

酸与醇作用脱水生成的化合物叫作酯。酯的通式为：

$$R-\overset{\overset{\displaystyle O}{\|}}{C}-O-R'$$

2. 酯的命名

酯的命名是根据生成酯的酸和醇的名称叫作“某酸某酯”。例如：

CH_3COOCH_3　　乙酸甲酯

$HCOOCH_2CH_3$　　甲酸乙酯

$$C_6H_5-\overset{\overset{\displaystyle O}{\|}}{C}-O-CH_3$$　　苯甲酸甲酯

3. 酯的性质

低级酯是无色具有水果香味的液体，如乙酸丁酯有梨香，乙酸异戊酯有香蕉香，丁酸甲酯有菠萝香，丁酸戊酯有杏香，苯甲酸甲酯有茉莉花香等。高级酯则多为蜡状固体，不具有香味。酯一般比水密度大，难溶于水，易溶于乙醇等有机溶剂。

酯的重要化学性质就是能够发生水解。在酸性条件下，酯水解生成相应的羧酸和醇，反应是可逆的。

$$CH_3-\overset{\overset{\displaystyle O}{\|}}{C}-O-C_2H_5 + H_2O \underset{}{\overset{H_2SO_4}{\rightleftharpoons}} CH_3-\overset{\overset{\displaystyle O}{\|}}{C}-OH + C_2H_5OH$$

在碱性条件下，酯水解生成相应的羧酸盐和醇，反应是不可逆的。

$$R-\overset{\overset{\displaystyle O}{\|}}{C}-O-R' + H_2O \xrightarrow{NaOH} R-\overset{\overset{\displaystyle O}{\|}}{C}-O-Na + R'OH$$

酯的水解反应在油脂工业上非常重要。人工合成的低级羧酸酯常用做食品香料或有机溶剂。

阅读

食醋

食醋是一种含有乙酸的调味品，它是用米、麦、高粱、酒糟等食物经过发酵酿制成的酸味液体。醋中的酸味主要来源于谷物发酵后产生的醋酸，除此之外，醋中还含有乳酸、琥珀酸、柠檬酸、葡萄酸、苹果酸等有机酸，因此醋的味道醇香四溢。人类食用醋的历史非常悠久。中国是世界上谷物酿醋最早的国家：早在公元前8世纪就已有了醋的文字记载；春秋战国时期就已有专门酿醋的作坊；到汉代时，醋开始普遍生产。一般人的印象当中，醋就只是用来当调味品，顶多就是稀释后当做饮料来喝，没有其他的用途。其实醋的功用很大，醋不仅是一种调味品，而且是一种保健养生食品。食醋具有杀菌，软化血管、防止腹泻、增进食欲等作用。

练习题

一、填空题

1. 乙酸分子的结构式为________，其中________叫作________基，它是由________基和____________基直接相连而成的。

2. 乙酸分子中的________和乙醇羟基中的________结合，脱去1分子水生成了乙酸乙酯。在这个反应中，浓H_2SO_4起____________作用。

二、选择题

1. 下列有机物中，能与金属钠反应放出H_2的是（　）。

A. 乙醇　B. 乙醛　C. 乙酸　D. 乙酸乙酯

2. 下列物质中，能使紫色石蕊溶液变红的是（　）。

A. 乙酸　B. 苯酚　C. 丙酮　D. 乙醚

3. 下列说法中，错误的是（　）。

A. 石炭酸不属于羧酸

B. 碱可使乙酸乙酯的水解程度加大

C. 只有链烃基与羧基直接相连的化合物才叫羧酸

D. 陈年老酒中除含有乙醇外，还含有酯

4. 除去苯中混有的少量苯酚应选用的试剂是（　）。

A. NaOH 溶液　B. 溴水

C. 酒精　D. 稀盐酸

三、写出乙酸跟下列物质发生反应的反应方程式

Na_2CO_3溶液　金属锌　乙醇

四、用化学方法鉴别下列各组物质

1. 乙酸和乙酸乙酯

2. 乙醇和苯酚

3. 乙酸、乙醛和乙醇

五、家庭中常用食醋浸泡清除热水瓶或水壶中的水垢（主要成分是 $CaCO_3$），想一想，这是利用了醋酸的什么性质？

第七章 糖类、油脂和蛋白质

糖类是人体最重要的供能物质，也是构成细胞的一种成分；脂肪是人体内备用的能源物质，同时也参与细胞膜的构建；蛋白质是构成人体细胞的基本物质，同时在生物体内能被分解，为人体的生理活动提供能量。糖、油脂、蛋白质合称为生物体的三大营养物质。

第一节 糖类

学习目标

1. 熟练掌握糖的概念和分类。
2. 了解单糖、二糖和多糖的性质和用途。

糖类是绿色植物光合作用的产物，是动植物所需能量的重要来源。根据我国居民的食物构成，人们每天摄取的热能中大约有75％来自糖类。生活中常见的糖有葡萄糖、果糖、蔗糖，此外，植物体内的淀粉、纤维素，动物体内的糖原等都属于糖类。

一、糖类的概念

糖类也被称为碳水化合物。最先发现的这类化合物都是由碳、氢、氧三种元素组成的，且每个分子中的氢原子和氧原子的个数之比恰好是 2∶1，都可以用 $C_n(H_2O)_m$ 这样的通式来表示。随着化学学科的发展，人们认识到这一名称不能正确反映所有糖类化合物的组成、结构特征，例如，甲醛（HCHO）、乙酸（CH_3COOH）、甲酸甲酯（$HCOOCH_3$）等物质分子虽也符合 $C_n(H_2O)_m$ 通式，但无论从结构、化学性质、生理功能等方面都与糖类化合物相距甚远；而脱氧核糖（$C_5H_{10}O_4$）和鼠李糖（$C_6H_{12}O_5$）等，虽然不符合 $C_n(H_2O)_m$ 通式，但却属于糖类。

根据糖的结构，现在认为糖是指含多羟基醛或多羟基酮，或水解后可以产生多羟基醛或多羟基酮的化合物。

糖类根据其能否水解以及水解产物的不同可分为单糖、低聚糖和多糖。

二、单糖

单糖是多羟基醛或多羟基酮，是不能发生水解的糖。

按分子中所含官能团的不同，单糖可分为醛糖和酮糖两大类。例如葡萄糖和果糖，它们的分子式都是$C_6H_{12}O_6$，其中葡萄糖是醛糖，果糖是酮糖，它们互为同分异构体。按照分子所含碳原子数，单糖又可分为丙糖、丁糖、戊糖等，如含有三个碳原子的醛糖叫丙醛糖（甘油醛），含有三个碳原子的酮糖叫作丙酮糖（二羟基丙酮）。

```
     CHO            CHO          CHO
     |              |            |
   H—C—OH         H—C—H        H—C—OH
     |              |            |
     CH2OH        H—C—OH       H—C—OH
                    |            |
                  H—C—OH       H—C—OH
                    |            |
                    CH2OH        CH2OH
                  \_________________/
   丙醛糖               戊醛糖
  (甘油醛)       (脱氧核糖)(核糖)

     CHO            CH2OH        CH2OH
     |              |            |
   H—C—OH           C=O          C=O
     |              |            |
  HO—C—H         HO—C—H          CH2OH
     |              |
   H—C—OH         H—C—OH
     |              |
   H—C—OH         H—C—OH
     |              |
     CH2OH          CH2OH

   己醛糖          己酮糖        丙酮糖
  (葡萄糖)         (果糖)     (二羟基丙酮)
```

相应的醛糖和酮糖互为同分异构体。其中葡萄糖和果糖是两种重要的单糖。

1. 葡萄糖（$C_6H_{12}O_6$）

葡萄糖是自然界中分布最广的单糖。葡萄糖存在于葡萄和其他带甜味的水果里，蜂蜜和动物血液里也含有葡萄糖。

葡萄糖是白色晶体，易溶于水，难溶于酒精，有甜味。

葡萄糖从结构上分析是一种多羟基醛，分子中的醛基易被氧化成为羧基。因此，它具有还原性，能发生银镜反应，也能与费林试剂反应。葡萄糖与费林试剂的反应在临床上常用于定量测定糖尿病患者尿中葡萄糖的含量。

【实验 7-1】 在一支洁净的试管里配制 2mL 银氨溶液，加入 1mL 10%的葡萄糖溶液，然后在水浴里加热 3～5min，观察现象。

通过实验可以看到，试管内壁出现一层美丽光亮的银镜，表明葡萄糖可以和银氨溶液在一定条件下发生银镜反应。

【实验 7-2】 在试管里加入 2mL 10%NaOH 溶液，滴加 5%$CuSO_4$溶液 5 滴，再加入 2mL 10%的葡萄糖溶液，加热，观察现象。

通过实验可以看到，有砖红色沉淀 Cu_2O 沉淀生成，表明葡萄糖可以发生费林反应。

葡萄糖是生物体内新陈代谢不可缺少的营养物质，是人类生命活动所需能量的重要来源，1mol 葡萄糖完全氧化，放出约 2804kJ 的热量。葡萄糖在医疗上作营养剂，兼有强心、利尿、解毒等作用。葡萄糖在食品、医药工业上可直接使用。

葡萄糖在印染制革工业中也广泛用作还原剂。在制镜工业和热水瓶胆镀银工艺中用葡萄糖作还原剂，是银镜反应在工业生产中的直接应用。

2. 果糖（$C_6H_{12}O_6$）

果糖在自然界里以游离态和化合态存在于许多水果、蜂蜜和菊科植物中。

果糖是白色晶体，易溶于水，吸湿性特别强，常吸收空气中的水分变成黏稠状的糖浆。

果糖从结构上分析是一种多羟基酮。果糖分子中含有酮基，没有醛基。但在碱性条件下，酮基可以转变成为醛基。所以，果糖在碱性条件下也具有还原性，能发生银镜反应，也能与新制的 $Cu(OH)_2$ 反应。

果糖是所有糖中最甜的一种，比蔗糖甜一倍，广泛用于食品工业，如制糖果、糕点、蜜饯、果酱、饮料等。

三、二糖

由少数单糖相互脱水所形成的化合物叫低聚糖。按组成低聚糖的单糖的数目，又可分为二糖、三糖、四糖等。在低聚糖中，二糖最为重要。常见的二糖是蔗糖和麦芽糖。

1. 麦芽糖（$C_{12}H_{22}O_{11}$）

麦芽糖广泛分布在植物的叶及发芽的种子里，尤其是麦芽中含量最多，所以称为麦芽糖。工业上制麦芽糖是用发芽谷物（主要是大麦）作为淀粉酶的来源，使之作用于淀粉，水解而得。

麦芽糖是白色晶体，易溶于水，有甜味，但不如蔗糖甜。

麦芽糖分子中含有醛基，所以有还原性，能发生银镜反应，也能发生费林反应。麦芽糖在稀酸或酶的催化作用下，可水解生成葡萄糖。

$$\underset{\text{麦芽糖}}{C_{12}H_{22}O_{11}}+H_2O\xrightarrow{\text{催化剂}}\underset{\text{葡萄糖}}{2C_6H_{12}O_6}$$

麦芽糖是甜味食品中的重要糖质原料，是饴糖的主要成分。

2. 蔗糖（$C_{12}H_{22}O_{11}$）

蔗糖广泛存在于植物体内，是自然界分布最广的二糖，以甘蔗（含糖质量分数11%～17%）和甜菜（含糖质量分数14%～26%）的含量为最高。日常生活中所食用的白糖、冰糖、红糖的主要成分都是蔗糖。

蔗糖是无色晶体，易溶于水，甜味仅次于果糖。

蔗糖的分子式是$C_{12}H_{22}O_{11}$，和麦芽糖互为同分异构体。蔗糖的分子结构中不含醛基，不能发生银镜反应，不显还原性。在硫酸的催化作用下，蔗糖可以发生水解反应，生成葡萄糖和果糖。

$$\underset{\text{蔗糖}}{C_{12}H_{22}O_{11}} + H_2O \xrightarrow{\text{催化剂}} \underset{\text{葡萄糖}}{C_6H_{12}O_6} + \underset{\text{果糖}}{C_6H_{12}O_6}$$

蔗糖在酸和酶的催化下都能发生水解，生成的葡萄糖和果糖的混合物称为转化糖。因转化糖中含有果糖，所以比蔗糖甜。蜂蜜的主要成分即是转化糖。

蔗糖是植物光合作用的重要产物，是植物体内糖类贮藏、积累的主要形式，也是植物体内糖的主要运输形式。

蔗糖和转化糖广泛用于食品工业。高浓度的蔗糖能抑制细菌的生长，在医药上用作防腐剂和抗氧剂。

四、多糖

多糖是由很多个单糖分子通过分子间脱水所形成的糖。淀粉、糖原和纤维素是最重要的多糖，它们的通式是$(C_6H_{10}O_5)_n$，但它们的 n 值不同。

多糖虽然由单糖构成，但性质上与单糖或低聚糖有较大差异。多糖没有还原性，没有甜味，不能形成晶体，而且大多数多糖难溶于水，少数能与水形成胶体溶液。

1. 淀粉

淀粉主要存在于植物的种子或块根里，其中谷类中含淀粉较多。如大米约含淀粉 80 %，小麦约含淀粉 70 %，玉米约含淀粉 65 %，马铃薯约含淀粉 20 %。

淀粉是绿色植物光合作用的产品。植物通过光合作用将太阳能变为化学能，储藏在淀粉分子内，在体内再通过淀粉酶及其他一系列酶的作用，经过复杂的过程，最后氧化为二氧化碳和水，释放出能量，供给生命活动所需要的能量。

淀粉是由成百上千个葡萄糖单元构成的高分子化合物。淀粉可分直链淀粉（见图 7-1）和支链淀粉（见图 7-2），天然淀粉大都是含这两种淀粉的混合体。

图 7-1 直链淀粉结构示意图

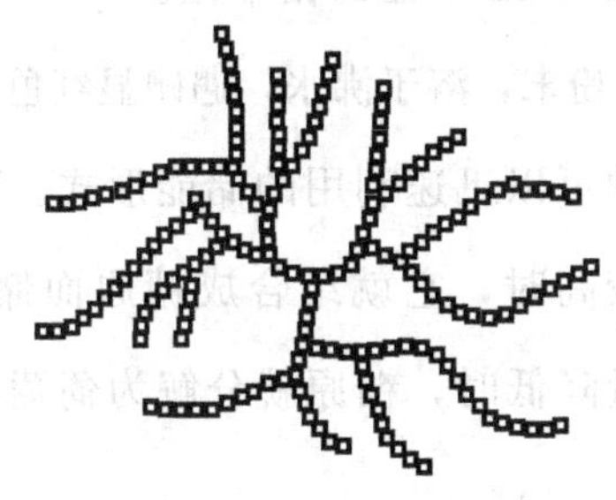

图 7-2 支链淀粉结构示意图

淀粉是白色、无气味、无味道的无定形粉末状物质。直链淀粉能溶于沸水，支链淀粉不溶于水，在热水里会膨胀，形成胶状淀粉糊。

淀粉不显还原性，不能与银氨溶液等发生反应。但淀粉在稀酸或酶的催化作用下，可以逐步水解，最后生成葡萄糖。

淀粉与碘可以发生非常灵敏的颜色反应，直链淀粉遇碘呈蓝色，支链淀粉遇碘则呈紫红色，实验室中常用于检测淀粉的存在。

2. 糖原

糖原广泛存在于人及动物体中，是人和动物体中的储能物质，又称动物淀粉。在肝及肌肉中含量尤多，又有肝糖原和肌糖原之分。

糖原结构与支链淀粉相似，不同的是组成糖原的葡萄糖单位更多（6000～12000 个），糖原的分支更多、更短，每一个支链平均含 12 个葡萄糖单位。

糖原是无色粉末，溶于沸水，遇碘显红色，无还原性。

糖原是一种可以迅速利用的储能形式。葡萄糖在动物血液中的含量较高时，它就结合成糖原而储存于肝脏中，当血液中含糖量降低时，糖原就分解为葡萄糖为机体提供能量。

3. 纤维素

纤维素是自然界中存在数量最大的多糖，是构成植物细胞壁的主要成分。木材中约含纤维素 50 %，棉花、麻类中纤维素含量高达 97 %～99 %，稻草、玉米秸中含纤维素 30 %～36 %，脱脂棉和定量滤纸中差不多是纯纤维素。

纤维素分子中大约含有几千个葡萄糖单元，它的相对分子质量约为几十万。但结构与淀粉不同，也没有支链型，它是一条没有分支的长链。

纤维素是白色、无气味、无味道的物质，不溶于水，也不溶于稀酸、稀碱和一般有机溶剂。

跟淀粉一样，纤维素也不显还原性，可以发生水解，但比淀粉困难。一般在浓酸中或用稀酸在一定压强下长时间加热进行水解，水解的最后产物也是葡萄糖。

一些食草动物如牛、马、羊等可以消化纤维素，这是因为它们的消化道中含有一些微生物，能分泌纤维素分解酶而可以将纤维素分解为低聚糖和葡萄糖。由于人体中无足够的可消化纤维素的酶，所以人类不能利用食物中的纤维素作为营养物质。但纤维素能刺激肠道蠕动和促进消化液的分泌，有助于消化、吸收和排泄，并可降低胆固醇的吸收，预防胆道和泌尿系统结石、心血管的病变和结肠癌等疾病。所以人每天需要摄取一定量含有纤维素的蔬菜。

阅读

糖类的生理功能

一、供给热能

每克葡萄糖产热 16kJ（4kcal），人体摄入的糖类在体内经消化变成葡萄糖或其他单糖参加机体代谢。每个人膳食中糖类的比例没有具体数量规定。我国营养专家认为糖类产热量占总热量的60%～65%为宜。人们平时摄入的糖类主要是多糖，在米、面等主食中含量较高，摄入时还能获得蛋白质、脂类、维生素、矿物质、膳食纤维等其他营养物质。而单纯摄入单糖或双糖（如蔗糖），除能补充热量外，不能补充其他营养素。

二、构成机体组织

人体的许多组织中，都需要有糖参加，它是构成人体组织的一类重要物质。例如，血液中有血糖，肝脏中有肝糖原，肌肉中有肌糖原，体液中有糖蛋白，脑神经中有糖脂，人体细胞核中有核糖等。

三、保肝解毒作用

当肝糖原储备较充足时，肝脏对某些化学毒物如CCl_4、C_2H_5OH、砷等有较强的解毒作用，对各种细菌感染所引起的毒血症也有较强的解毒作用。因此保证身体的糖供给，尤其是肝脏患病时能供给充足的糖，使肝脏中有丰富的糖原，在一定程度上可以保护肝脏免受损害，又能维持其正常的解毒作用。

四、节省蛋白质

食物中糖类不足时，机体将不得不动用蛋白质来满足机体活动所需的能量，这将影响机体用蛋白质进行合成新的蛋白质和组织更新。如果，完全不吃主食，只吃肉类，因肉类中含碳水化合物很少，机体组织将分解蛋白质产热，对机体没有好处。所以减肥病人或糖尿病患者仍需要摄入少量糖类，最少不要低于150g主食。

五、维持脑细胞的正常功能

葡萄糖是维持大脑正常功能的必需营养素，当血糖浓度下降时，脑组织可因缺乏能源而使脑细胞功能受损，造成功能障碍，并出现头晕、心悸、出冷汗，甚至昏迷。

练习题

一、填空题

1. 糖类是指____________。按其能否水解及水解的情况可分________、________和________三大类。

2. 蔗糖水解的产物为________和________，麦芽糖水解的产物为________，淀粉水解的最终产物是________。

二、选择题

1. 下列物质中是单糖的是（　　）。

A. 麦芽糖　B. 蔗糖　C. 淀粉　D. 葡萄糖

2. 下列各组物质中互为同分异构体的是（　）。

A. 葡萄糖和蔗糖　　B. 葡萄糖和麦芽糖

C. 淀粉和纤维素　　D. 葡萄糖和果糖

3. 下列物质中能发生银镜反应的是（　　），能水解且最终产物为两种物质的是（　）。

A. 葡萄糖　B. 蔗糖　C. 淀粉　D. 纤维素

三、用化学方法区分下列各组物质

1. 葡萄糖与蔗糖

2. 麦芽糖与蔗糖

3. 麦芽糖与淀粉

第二节 ▶▶ 油脂

学习目标

1. 了解油脂的组成和结构。

2. 明确油脂的物理性质，掌握油脂的化学性质。

一、油脂的组成和结构

油脂普遍存在于动植物体内。在植物组织中，主要存在于种子或果仁中，在根、茎、叶中含量较少，油料作物种子中的油脂含量很高。在动物体内主要存在于皮下组织、腹腔、肝及肌肉间的结缔组织中。

习惯上把在常温下呈液态的油脂称为油，呈半固态或固态的油脂称为脂肪。油脂是油和脂肪的总称。常见的油脂有猪油、牛油、羊油、豆油、菜油、花生油、芝麻油等。

油脂的主要成分是由多种高级脂肪酸与甘油生成的甘油酯。其结构可以表示如下：

$$\begin{array}{l} CH_2-O-\overset{\overset{\displaystyle O}{\|}}{C}-R^1 \\ | \\ CH-O-\overset{\overset{\displaystyle O}{\|}}{C}-R^2 \\ | \\ CH_2-O-\overset{\overset{\displaystyle O}{\|}}{C}-R^3 \end{array}$$

式中 R^1、R^2、R^3 代表烃基。如果 R^1、R^2、R^3 相同，这样的油脂称为单一甘油酯；如果 R^1、R^2、R^3 不相同，就称为混甘油酯。天然的油脂为几种不同混合甘油酯的混合物。

组成油脂的各种高级脂肪酸，绝大多数含偶数碳原子。饱和脂肪酸中以软脂酸最多，其次是硬脂酸；不饱和脂肪酸中，重要的是油酸、亚油酸、亚麻酸等。油脂中几种常见的高级脂肪酸，见表 7-1。

表 7-1 常见的重要脂肪酸

俗称	化学名称	结构简式
月桂酸	十二酸	$CH_3(CH_2)_{10}COOH$
豆蔻酸	十四酸	$CH_3(CH_2)_{12}COOH$
软脂酸	十六酸	$CH_3(CH_2)_{14}COOH$
硬脂酸	十八酸	$CH_3(CH_2)_{16}COOH$
油酸	9-十八碳烯酸	$CH_3(CH_2)_7CH{=}CH(CH_2)_7COOH$
亚油酸	9,12-十八碳二烯酸	$CH_3(CH_2)_4CH{=}CHCH_2CH{=}CH(CH_2)_7COOH$
亚麻酸	9,12,15-十八碳三烯酸	$CH_3(CH_2CH{=}CH)_3(CH_2)_7COOH$
桐油酸	9,11,13-十八碳三烯酸	$CH_3(CH_2)_3(CH{=}CH)_3(CH_2)_7COOH$
花生酸	5,8,11,14-二十碳四烯酸	$CH_3(CH_2)_3(CH_2CH{=}CH)_4(CH_2)_3COOH$
芥酸	13-二十二碳烯酸	$CH_3(CH_2)_7CH{=}CH(CH_2)_{11}COOH$

二、油脂的性质

1. 油脂的物理性质

纯净的油脂是无色、无味、无臭的物质。天然油脂常因含有脂溶性色素和杂质而有一定色泽和气味。油脂不溶于水，易溶于汽油、乙醚、苯、乙醇、氯仿等多种有机溶剂。油脂的密度比水小，在 0.9～0.95 g/cm^{3}之间。油脂是一种混合物，没有固定的熔点，但有一定的熔点范围。例如，花生油为 28～49℃，猪油为 36～46℃。

2. 油脂的化学性质

油脂属于酯类，而由于一些构成油脂的脂肪酸是不饱和的，所以许多油脂兼有酯类和烯烃的一些化学性质，可以发生水解、加成、氧化等反应。

（1）油脂的水解反应

油脂在酸或酶的作用下，能发生水解反应，生成甘油和相应的高级脂肪酸，反应是可逆的。

$$\begin{array}{l}\mathrm{CH_2{-}O{-}\overset{\overset{O}{\|}}{C}{-}R^1}\\ \mathrm{CH{-}O{-}\overset{\overset{O}{\|}}{C}{-}R^2}\\ \mathrm{CH_2{-}O{-}\overset{\overset{O}{\|}}{C}{-}R^3}\end{array} + 3H_2O \xrightleftharpoons{\text{酸或酶}} \begin{array}{l}\mathrm{CH_2{-}OH}\\ \mathrm{CH{-}OH}\\ \mathrm{CH_2{-}OH}\end{array} + \begin{array}{l}\mathrm{R^1COOH}\\ \mathrm{R^2COOH}\\ \mathrm{R^3COOH}\end{array}$$

油脂　　　　甘油　　　　脂肪酸

油脂在碱性条件下水解生成甘油和高级脂肪酸盐，反应是不可逆的。

$$\begin{array}{l}\mathrm{CH_2{-}O{-}\overset{\overset{O}{\|}}{C}{-}R^1}\\ \mathrm{CH{-}O{-}\overset{\overset{O}{\|}}{C}{-}R^2}\\ \mathrm{CH_2{-}O{-}\overset{\overset{O}{\|}}{C}{-}R^3}\end{array} + 3NaOH \longrightarrow \begin{array}{l}\mathrm{CH_2{-}OH}\\ \mathrm{CH{-}OH}\\ \mathrm{CH_2{-}OH}\end{array} + \begin{array}{l}\mathrm{R^1COONa}\\ \mathrm{R^2COONa}\\ \mathrm{R^3COONa}\end{array}$$

油脂　　　　甘油　　　　脂肪酸钠

反应生成的高级脂肪酸钠盐，俗称钠皂。因此，油脂在碱性条件下的水解反应也叫皂化反应。工业上就是利用皂化反应来制取肥皂。

（2）油脂的加成反应

含不饱和脂肪酸的油脂，在催化剂镍的作用下加热、加压，可以与氢气发生加成反应，生成饱和脂肪酸的油脂。这个反应称油脂的氢化或硬化。

$$\begin{array}{l} CH_2-O-\overset{\overset{O}{\|}}{C}-C_{17}H_{33} \\ | \\ CH-O-\overset{\overset{O}{\|}}{C}-C_{17}H_{33} \\ | \\ CH_2-O-\overset{\overset{O}{\|}}{C}-C_{17}H_{33} \end{array} + 3H_2 \xrightarrow[\text{加热、加压}]{\text{催化剂}} \begin{array}{l} CH_2-O-\overset{\overset{O}{\|}}{C}-C_{17}H_{35} \\ | \\ CH-O-\overset{\overset{O}{\|}}{C}-C_{17}H_{35} \\ | \\ CH_2-O-\overset{\overset{O}{\|}}{C}-C_{17}H_{35} \end{array}$$

油酸甘油酯（油）　　　　硬脂酸甘油酯（脂肪）

工业上常利用油脂的氢化反应把多种植物油转变成硬化油，硬化油性质稳定，不易变质，便于贮存和运输，还可用作制造人造奶油、肥皂等。

（3）油脂的酸败

油脂经长期储存或者保管不善，受到光照、氧气、水分或霉菌的作用，发生一系列水解、氧化反应，逐渐产生一种难闻的气味，这种现象称为油脂的酸败。

一般油脂中含有少量的游离脂肪酸，当油脂发生酸败后，脂肪酸就会增加，油脂品质下降。

为了防止酸败，油脂应保存在密闭容器中，尽量避免见光、进水和暴露在空气中。必要时可加入少量抗氧剂，如维生素 E 等物质。

阅读

类脂

脂类是从生物中提取的、溶于非极性溶剂（如氯仿、乙醚）而不溶于水的有机物，脂类物质可以分成油脂和类脂。类脂包括一些化学结构与油脂有较大差异的物质，如磷脂等。由于这类物质在物态及物理性质方面与油脂类似，因此叫作类脂。

类脂是构成人体组织细胞的重要成分，是组成细胞膜和原生质的成分，尤其是在神经组织细胞内含量丰富，对生长发育非常必要。

类脂可以在体内合成，它受膳食、活动量等影响小，故称基本脂或固定脂。类脂占人体重量的5%，主要包括磷脂、糖脂、固醇及其酯。

1. 磷脂

除体脂外，磷脂属于含量最多的脂类。主要存在于细胞膜和血液中，包括脑磷脂、卵磷脂、神经鞘磷脂。人们可以从牛奶、大豆、蛋黄等食品中获取磷脂。

磷脂作为细胞膜结构最基本的原料，是多种组织和细胞膜的组成成分。尤其在大脑和神经细胞中都含有大量鞘磷脂，对人体生长发育和神经活动有重要作用。

卵磷脂有强乳化作用，能促进脂肪和胆固醇颗粒变小，使其被肌体利用。其与蛋氨酸、胆碱均有抗脂肪肝作用。磷脂中的不饱和脂肪酸与胆固醇结合形成胆固醇酯，使胆固醇不易沉积于血管壁，可使血管壁上的胆固醇进入血液，然后排出体外，有降胆固醇作用。

2. 糖脂

糖脂是含有糖类、脂肪酸、氨基酸的化合物，也是细胞膜的组成成分，不含磷酸。糖脂包括脑苷脂、神经节苷脂等，是大脑白质和神经细胞的重要成分。

3. 固醇及其酯

固醇包括来源于动物性组织的胆固醇，和来源于植物性食物的植物固醇，它们的生理作用不同。固醇酯即固醇与脂酸结合生成的酯。

胆固醇是细胞膜的重要组成部分，在体内可以合成类固醇激素，是合成维生素D、胆汁酸的原料，在血液内是维持吞噬变形细胞、白细胞生存所不可缺少的物质，因此有一定抗癌作用。蛋黄及动物的脑、肝、肾中含量较高。

练习题

一、填空题

1. 油脂的主要成分为________，通式可表达为________。

2. ________和________统称油脂。在室温，植物油通常呈________态，叫作________。动物油通常呈________态，叫作________。

二、解释下列现象

1. 植物油通常可以使溴水褪色。

2. 植物油常温为液体，硬化油常温下为固体。

第三节 蛋白质

学习目标

1. 了解氨基酸的分类，掌握氨基酸的结构和性质。

2. 明确蛋白质的元素组成，掌握蛋白质的化学性质。

蛋白质广泛存在于生物体内，是组成细胞的基础物质。从高等植物到低等的微生物，从人类到最简单的生物病毒，都含有蛋白质。生命现象和生理机能，往往也都是通过蛋白质来实现的。蛋白质是生命的基础，没有蛋白质就没有生命。

蛋白质是一种化学结构非常复杂的含氮的有机高分子化合物。蛋白质在酸、碱或酶的作用下能发生水解，水解的最终产物是氨基酸。这说明氨基酸是组成蛋白质的基本单位。

一、氨基酸

1. 氨基酸的分类和命名

在生物体内合成蛋白质的氨基酸大约有 20 种。除脯氨酸外，其余的氨基酸在化学结构上都具有共同的特点，其官能团主要是连接在同一个碳原子（α 碳原子）上的氨基和羧基，通常称为 α-氨基酸。其结构通式为：

$$\begin{array}{l} R—CH—COOH \\ \quad\quad\ | \\ \quad\quad NH_2 \end{array}$$

氨基酸按其结构的不同可分为脂肪族氨基酸、芳香族氨基酸和杂环族氨基酸三大类。按分子中氨基和羧基的数目又分为中性氨基酸、酸性氨基酸、碱性氨基酸等。

组成蛋白质的氨基酸的分类、名称、结构（见表 7-2)。

表 7-2 中缬氨酸、亮氨酸、异亮氨酸、色氨酸、苏氨酸、赖氨酸、蛋氨酸、苯丙氨酸八种氨基酸人体或动物体不能自己合成，也不能由其他物质通过新陈代谢途径转化，必须从食物中摄取，这一类氨基酸称为必需氨基酸。

2. 氨基酸的性质

（1）氨基酸的物理性质

氨基酸是无色晶体，大都可溶于水，难溶于有机溶剂，能溶于强酸强碱中。不同的氨基酸会有甜、苦、鲜、酸等味。谷氨酸的单钠盐有鲜味，是味精的主要成分。

（2）氨基酸的两性性质

氨基酸分子中含有碱性的氨基和酸性的羧基，因而氨基酸具有两性性质。它既能与酸反应生成铵盐，又能与碱反应生成羧酸盐。氨基酸分子内部的氨基和羧基之间也可

表 7-2　组成蛋白质的氨基酸

类别	普通名称 （化学名称）	英文名	代号 （西）	代号 （中）	代号 （西）	结构式
一氨基 一羧基 氨基酸	甘氨酸 （α-氨基乙酸）	glycine	Gly	甘	G	$\mathrm{\underset{\overset{+}{N}H_3}{CH_2}-COO^-}$
	丙氨酸 （α-氨基丙酸）	alanine	Ala	丙	A	$\mathrm{CH_3-\underset{\overset{+}{N}H_3}{CH}-COO^-}$
	缬氨酸 （α-氨基异戊酸）	valine	Val	缬	V	$\mathrm{(CH_3)_2CH-\underset{\overset{+}{N}H_3}{CH}-COO^-}$
	亮氨酸 （α-氨基异己酸）	leucine	Leu	亮	L	$\mathrm{(CH_3)_2CH-CH_2-\underset{\overset{+}{N}H_3}{CH}-COO^-}$
	异亮氨酸 （β-甲基-α-氨基戊酸或 β-甲基乙基丙氨酸）	isoleucine	Ile	异亮	I	$\mathrm{CH_3-CH_2-\underset{CH_3}{CH}-\underset{\overset{+}{N}H_3}{CH}-COO^-}$

续表

类别	普通名称（化学名称）	英文名	代号（西）	代号（中）	代号（西）	结构式
羟基氨基酸	丝氨酸（β-羟基-α-氨基丙酸）	serine	Ser	丝	S	$CH_2(OH)—CH(\overset{+}{N}H_3)—COO^-$
	苏氨酸（β-羟基-α-氨基丁酸）	threonine	Thr	苏	T	$CH_3—CH(OH)—CH(\overset{+}{N}H_3)—COO^-$
含硫氨基酸	半胱氨酸（β-巯基-α-氨基丙酸）	cysteine	Cys①	半胱	C	$CH_2(SH)—CH(\overset{+}{N}H_3)—COO^-$
	甲硫氨酸（蛋氨酸）（γ-甲硫基-α-氨基丁酸）	methionine	Met	甲硫	M	$CH_2(SCH_3)—CH_2—CH(\overset{+}{N}H_3)—COO^-$
一氨基二羧基氨基酸	天冬氨酸（α-氨基丁二酸）	aspartic acid	Asp	天	D	$^-OOC—CH_2—CH(\overset{+}{N}H_3)—COO^-$
	谷氨酸（α-氨基戊二酸）	glutamic acid	Glu	谷	E	$^-OOC—CH_2—CH_2—CH(\overset{+}{N}H_3)—COO^-$

续表

类别	普通名称（化学名称）	英文名	代号（西）	代号（中）	代号（西）	结构式
酰胺	天冬氨酸	aspargine	Asn		N	$H_2N-C(=O)-CH_2-CH(\overset{+}{N}H_3)-COO^-$
	谷氨酰胺	glutamine	Gln		Q	$H_2N-C(=O)-CH_2-CH_2-CH(\overset{+}{N}H_3)-COO^-$
二氨基一羧基氨基酸	赖氨酸（α,ε-二氨基己酸）	lysine	Lys	赖	K	$\overset{+}{N}H_3-CH_2-CH_2-CH_2-CH_2-CH(\overset{+}{N}H_3)-COO^-$
	精氨酸（δ-胍基-α-氨基戊酸）	arginine	Arg	精	R	$H_2N-C(=\overset{+}{N}H_2)-NH-CH_2-CH_2-CH_2-CH(\overset{+}{N}H_3)-COO^-$

续表

类别	普通名称（化学名称）	英文名	代号（西）	代号（中）	代号（西）	结构式
芳香族氨基酸	苯丙氨酸（β-苯基-α-氨基丙酸）	phenylalanine	Phe	苯丙	F	$C_6H_5—CH_2—CH(\overset{+}{N}H_3)—COO^-$
	酪氨酸（β-对羟苯基-α-氨基丙酸）	tyrosine	Tyr	酪	Y	$HO—C_6H_4—CH_2—CH(\overset{+}{N}H_3)—COO^-$
杂环氨基酸	组氨酸（β-咪唑-α-氨基丙酸）	histidine	His	组	H	$CH{=}C—CH_2—CH(\overset{+}{N}H_3)—COO^-$（咪唑环：$H\overset{+}{N}$—CH—NH，C—H）
	色氨酸（β-吲哚-α-氨基丙酸）	tryptophan	Trp	色	W	吲哚环—$C—CH_2—CH(\overset{+}{N}H_3)—COO^-$（$=CH$，$N—H$）
	脯氨酸（吡咯烷-2-羧酸）或（四氢吡咯-2-羧酸）	proline	Pro	脯	P	$CH_2—CH_2$，H_2C—$\overset{+}{N}H_2$—$CH—COO^-$（五元环）

① 半胱氨酸的三字代号过去用 CySH，现改用 Cys。

以发生反应，生成内盐。其反应式如下：

$$\underset{\substack{|\\ NH_2}}{R—CH—COOH} \rightleftharpoons \underset{\substack{|\\ NH_3^+}}{R—CH—COO^-}$$

(3) 肽的形成

一分子氨基酸的氨基与另一分子氨基酸的羧基可以发生分子间的脱水反应形成肽键，并通过肽键结合成肽。

$$H_2N—\underset{R^1}{\overset{H}{C}}—\overset{O}{\overset{\|}{C}}—OH + H—\underset{H}{N}—\underset{R^2}{\overset{H}{C}}—COOH \xrightarrow{-H_2O} H_2N—\underset{R^1}{\overset{H}{C}}—\underbrace{\overset{O}{\overset{\|}{C}}—\underset{H}{N}}_{\text{肽键}}—\underset{R^2}{\overset{H}{C}}—COOH$$

肽键实际上是一种酰胺键。由两个氨基酸缩合而成的称为二肽；由三个氨基酸缩合而成的称为三肽；由多个氨基酸缩合而成的称为多肽。多肽是蛋白质水解的中间产物，下面我们将共同认识蛋白质。

二、蛋白质

蛋白质是一种非常复杂的有机化合物，种类很多。因为鸡蛋白里含有这种化合物，蛋白质就因此而得名。蛋白质广泛存在于动植物的体内，是一切生物细胞的主要成分。动物性食物中含蛋白质最多的是肉类、鱼类、乳类和蛋类等，植物性食物中以豆类和各种坚果等含量较多。

1. 蛋白质的元素组成

组成蛋白质的元素主要有碳、氢、氧和氮四种，有的蛋白质中还含有硫、磷、铁、镁、碘等其他元素。其中四种主要元素的质量分数为：碳 51%～55%，氢 5.5%～7.7%，氧 19%～24%，氮 15%～18%。

氮是蛋白质元素组成中的一种特征性成分，多数蛋白质的含氮量很接近，平均约为 16%。蛋白质是动植物体内的主要含氮物质，因此，只要测定生物样品中的含氮量就可以按照下式推算出蛋白质的大致含量。

100g 样品中蛋白质含量＝样品含氮量(g/g) × 6.25×100

2. 蛋白质的性质

(1) 蛋白质的两性性质

蛋白质是由各种氨基酸分子通过肽键所构成的高分子化合物，在分子中存在着游离的氨基和羧基，因此，蛋白质和氨基酸一样，具有两性，使其在生物体内具有良好的缓冲作用。

(2) 蛋白质的盐析

向蛋白质溶液中加入某些浓的无机盐（如硫酸铵、硫酸钠、氯化钠等）溶液后，可以使蛋白质凝聚而从溶液中析出，这种作用叫作盐析。这样析出的蛋白质仍可以溶解在水中，而不影响原来蛋白质的性质。因此，盐析是一个可逆的过程。利用这个性质，可以采用多次盐析的方法来分离、提纯蛋白质。

(3) 蛋白质的变性

当蛋白质受到物理因素（高温、高压、紫外线照射等）或化学因素（强酸、强碱、重金属盐等）的影响，引起蛋白质的生物活性丧失和某些理化性质的改变，这种现象叫作蛋白质的变性。

能使蛋白质变性的物理因素有加热、加压、紫外线、X射线、超声波等；化学因素有强酸、强碱、酒精、重金属盐类等。变性后的蛋白质溶解度降低，甚至凝结或产生沉淀，同时也失去原有的生理活性。

（4）蛋白质的颜色反应

向蛋白质溶液中加氢氧化钠溶液，再逐渐加入0.5％硫酸铜溶液，则溶液出现紫色或紫红色，该反应称双缩脲反应。凡是含有肽键的化合物均可以发生此反应。

在蛋白质溶液中加入浓硝酸有白色沉淀产生，加热，沉淀变黄色，冷却后加氨水，沉淀变橙色，这个反应叫作黄蛋白反应。含有苯环的蛋白质能发生这类反应。在实验中，不慎使皮肤接触到硝酸，皮肤会变黄就是此道理。

阅读

蛋白质对于健康的作用

蛋白质是组成人体一切细胞、组织的重要成分。机体所有重要的组成部分都需要有蛋白质的参与。蛋白质是生命的物质基础，是有机大分子，是生命活动的主要承担者。可以毫不夸张地说没有蛋白质就没有生命。蛋白质和我们的生活息息相关，所以我们要在生活中定期定量地摄入足够的蛋白质。蛋白质对于人体还有以下的作用：

1. 人体免疫力

人体免疫力是人体自身的防御机制，它是人体抵抗各种病原体入侵的一道防御屏障。一旦免疫力下降，就会使人体产生各种病症。人体的免疫系统包含白细胞、淋巴细胞、巨噬细胞、抗体（免疫球蛋白）、补体、干扰素等。

在身体需要的时候，免疫细胞在数小时内可以增加100倍。由于免疫系统的主要组成成分和反应过程都需要蛋白质，所以如果人体内蛋白质含量不足，免疫系统的功能就会受到影响。

2. 酶的催化

蛋白质进入人体后还构成人体必需的具有催化和调节功能的各种酶。在我们身体内有数千种酶，并且每一种只能参与一种生化反应。人体细胞里每分钟要进行一百多次生化反应，因此保证蛋白质的充足非常重要。

如果酶充足的话人体内的各种反应就会顺利、快捷地进行，这样我们就会精力充沛，不易生病。否则的话，反应就变慢或者被阻断，因而导致人体萎靡不振。

练习题

一、填空题

1. 蛋白质水解的最终产物________。

2. 两个氨基酸分子通过________基与________基间脱水形成含有肽键的化合物，称为________。

3. 组成蛋白质的主要元素有________、________、________、________。

4. 不同蛋白质的含________量颇为相近，平均含量为________%。

二、选择题

1. 下列不属于人体必需氨基酸的是（　　）。

A. 丙氨酸　　B. 亮氨酸

C. 缬氨酸　　D. 苏氨酸

2. 误食重金属盐会引起中毒，可用于急救解毒的方法是（　　）。

A. 服用大量水　　B. 服用足量的牛奶

C. 服用足量的酒精　　D. 服用足量的硫酸钠溶液

三、什么是蛋白质的变性作用？引起蛋白质变性的因素有哪些？

四、怎样鉴别淀粉溶液和鸡蛋白溶液？

第八章 实验部分

实验一 化学实验规则和基本操作

化学是一门实验科学。化学实验是学习化学、研究化学的重要手段，在化学教学中占有重要的地位。通过实验可以巩固课堂所学的化学知识并加深理解；正确地掌握实验操作技能；培养严肃认真、刻苦钻研的学习精神，实事求是的科学态度；培养独立的实验工作能力和独立的思考能力。

为了保证实验安全和使实验达到预期的效果，必须遵循化学实验规则，掌握正确的操作方法。

一、化学实验室规则

① 实验前要认真预习，明确实验目的，了解实验的基本原理、方法和步骤。实验开始，应先检查实验用品是否齐全。实验时应正确操作、仔细观察、做好实验记录。

② 听从老师指导，保证实验安全。如发生意外事故（着火、伤害等），切勿慌张，应立即报告教师，沉着地妥善处理。

③ 遵守纪律，保持室内安静和良好秩序。

④ 爱护公共财物，小心使用仪器，注意节约试剂和水电。使用公用仪器和试剂，用后应归还原处。

⑤ 实验过程中，要保持实验桌上用品的整齐，废物、废液应倒入指定处，不能乱丢或倒入水槽中。

⑥ 实验完毕后，应洗净仪器，整理好实验用品，擦净桌面。

⑦ 根据实验记录，写出实验报告，按时交给教师。

二、实验室安全规则

① 凡做有毒和有恶臭气体的实验，应在通风橱内或室外进行。嗅闻气体时，应用手轻拂气体，扇向鼻孔。

② 使用电器时，不要用湿手接触，严防触电；实验后，应将电源切断。

③ 加热或倾倒液体时，切勿俯视容器，以防液滴飞溅造成伤害。加热操作完毕，应熄灭火源。

④ 使用易燃试剂一定要远离火源。

⑤ 稀释浓酸，特别是浓硫酸，应把酸缓慢地倒入水中，切勿把水倒入浓酸中。

⑥ 严禁在实验室内饮食或把餐具带进实验室。

⑦ 实验完毕后，应把实验桌整理干净，关好水龙头，关闭电闸刀，倒清废液缸。

三、基本操作方法

1. 玻璃仪器的洗涤

为了得到准确的实验结果，每次实验前和实验后必须要将实验仪器洗涤干净。

(1) 洗涤方法

玻璃仪器的洗涤方法很多，应根据实验要求、污物的性质和沾污的程度来定。

① 振荡水洗：向容器内加入三分之一左右的水（若有废液，应先倒掉容器内物质），稍用力振荡后把水倒掉，照此连续数次。一般用于灰尘及可溶物的洗涤。

② 毛刷刷洗：仪器内壁附有不易洗掉物质时，要用毛刷刷洗。刷洗时，须转动或上下移动毛刷。刷洗后，再用水连续振荡洗涤数次，必要时还要用蒸馏水淋洗。

对于那些无法用普通水洗方法洗净的污垢，须根据污垢的性质选用适当的试剂，通过化学方法除去。

(2) 玻璃仪器洗涤干净的标准

玻璃仪器内壁附着的水既不聚成水滴，也不成股流下，即表示已经洗涤干净。

2. 药品的取用

(1) 药品取用的基本原则

① 实验室取用药品要做到“三不”：不能用手接触药品；不要使鼻孔凑到容器口去闻药品的气味；不能尝任何药品的味道。

② 取用药品注意节约：取用药品应严格按规定用量。若无说明，应取最少量，即液体取1～2mL；固体只需盖满试管底部。剩余的药品要做到“三不”：既不能放回原瓶，也不要随意丢弃，更不能拿出实验室，要放在指定的容器里。

(2) 固体药品的取用

① 取用固体药品的仪器：一般用药匙，块状固体可用镊子夹取。

② 取用小颗粒或粉末状药品，用药匙或纸槽按“一斜、二送、三直立”的方法送入玻璃容器；取用块状或密度大的金属，用镊子按“一横、二放、三慢竖”的方法送入玻璃容器。

(3) 液体药品的取用

① 取用少量液体，可用胶头滴管。将液体滴加到另一容器中的方法是将滴管悬空放在容器口正上方，滴管不要接触烧杯等容器壁，取液后的滴管不能倒放、乱放或平放。

② 从细口瓶倒出液体药品时，先把瓶塞倒放在桌面上，以免沾污瓶塞，污染药液；倾倒液体时，应使标签向着手心，以防瓶口残留的药液流下腐蚀标签；瓶口紧靠试管口或仪器口，以免药液流出。倒完药液后立即盖紧瓶塞，以免药液挥发或吸收杂质。

③ 取用一定量的液体药品，常用量筒量取。先根据被量液体的量选用合适规格的量筒。量液时，量筒必须放平，沿量筒内壁缓缓注入液体。读数时，视线与量筒内液体的凹液面最低处保持水平。

3. 托盘天平的使用

托盘天平由分度盘、指针、托盘、调节零点的平衡螺母、游码、标尺等组成。托盘天平用于对质量的粗略称量，一般能称准到0.1g。

① 称量前，把托盘天平水平放置，先将游码推到标尺的零位。

② 检查天平是否平衡。若指针左右摆动时距分度盘中间的格数相近，静止时指在分度盘的中间，说明平衡。如果天平未达平衡，则可调节左、右平衡螺母，直至天平平衡。

③ 为保护天平，不能在托盘上直接放置药品。若是易潮解或有腐蚀性的药品，必须放在表面皿或小烧杯等玻璃器皿里称量；若是干燥不潮解的药品，应先在两个托盘

上各放一张相同质量的纸，然后把药品和砝码放在纸上进行称量。

④ 称量时，将称量物放在左盘，砝码放在右盘。砝码要用镊子夹取，先大后小，最后移动游码，直到天平平衡为止。

⑤ 称量完毕，须将砝码放回砝码盒内，游码归回零位（记录并复核称量物的总质量）。

4. 物质的加热

（1）酒精灯的使用

① 酒精灯的火焰分外焰、内焰、焰心三部分，其中外焰温度最高，因此，加热时应用外焰部分加热。酒精灯内的酒精应不超过酒精灯容积的 2/3。绝对禁止向燃着的酒精灯内添加酒精；绝对禁止用一只酒精灯引燃另一只酒精灯。使用完毕，必须用灯帽盖灭，不可用嘴吹灭。

② 可以直接加热的仪器有试管、蒸发皿、燃烧匙、坩埚等；可以加热但必须垫上石棉网的仪器有烧杯、烧瓶等；不能加热的仪器有量筒、集气瓶、漏斗、水槽等。

（2）给物质加热

① 加热试管中的固体：试管口应略向下倾斜，先使试管均匀受热——预热，然后对准药品部位加热。

② 加热试管中的液体：试管内液体的体积不能超过试管容积的三分之一；试管与桌面呈 45°角；试管口不能

对着有人的地方。

注意：加热玻璃仪器前，应把仪器外壁擦干，以免使仪器炸裂。

5. 溶解

(1) 仪器

烧杯、玻璃棒（少量可用试管）。

(2) 溶解方法

① 振荡试管内液体，应手腕动手臂不动。

② 搅拌时，轻轻搅拌，不可碰杯壁。

③ 稀释浓硫酸时，应将浓硫酸慢慢注入水中，并用玻璃棒不断搅拌。

实验二 ▶▶ 氯、溴、碘的性质

【实验目的】

1. 了解氯水的漂白性、碘的溶解性。

2. 认识卤素间的置换反应，学会氯离子的检验方法。

【器材和试剂】

1. 器材：试管、药匙、红色石蕊试纸。

2. 试剂：饱和氯水（新制）、碘晶体、酒精、溴水、0.1mol/L NaCl 溶液、0.1mol/L NaBr 溶液、0.1mol/L KI 溶液、0.1mol/L $AgNO_3$ 溶液、0.1mol/L HCl 溶液、

4mol/L HNO_3溶液、0.1mol/L Na_2CO_3溶液。

【实验步骤】

1. 氯水的漂白作用

把盛有氯水的瓶盖打开，拿一条湿润的红色石蕊试纸靠近瓶口，观察红色石蕊试纸的颜色变化，并解释原因。

2. 碘的溶解性

取两支试管，各加入少量碘晶体。在一支试管中加入3mL水，在另一支试管中加入3mL酒精。分别观察两支试管中碘的溶解情况，并解释原因。

3. 氯、溴、碘之间的置换反应

(1) 取两支试管，分别加入少量溴化钠溶液和碘化钾溶液，再分别向这两支试管中加入少量新制的饱和氯水，用力振荡后，再注入少量无色汽油，振荡。观察油层和溶液颜色的变化，并解释原因。

(2) 取两支试管，分别加入少量溴化钠溶液和碘化钾溶液，再分别向这两支试管中加入少量的溴水，用力振荡后，再注入少量无色汽油，振荡。观察油层和溶液颜色的变化，并解释原因。

比较卤素活泼性的强弱顺序。

4. Cl^-的检验

(1) 取三支试管，分别加入少量稀盐酸、氯化钠溶液、碳酸钠溶液，再各滴入2～3滴硝酸银溶液，观察各试管中的现象，并解释原因。

(2) 再向上述三支试管中各加入足量的稀硝酸，再观察各试管中的现象，并解释原因。

【思考题】

鉴别 NaCl、NaBr、KI 三种物质可以用哪些方法？

实验三 ▶▶ 碱金属及其化合物的性质

【实验目的】

1. 加深对金属钠及其化合物性质的认识。

2. 学会用焰色反应检验钾离子和钠离子。

【器材和试剂】

1. 器材：镊子、小刀、100mL 烧杯、酒精灯、铂丝、蓝色钴玻璃、滤纸、火柴。

(注意：可以用镍、铬丝、光洁无锈的铁丝代替铂丝。)

2. 试剂：金属钠、酚酞试液、0.1mol/L HCl 溶液、Na_2CO_3溶液、KCl 溶液。

【实验步骤】

1. 钠的性质

(1) 用镊子取一小块金属钠，用滤纸吸干表面的煤油，用刀切去一端的外皮，观察钠的颜色。在空气中放置一会儿后，观察切面的颜色变化，并解释原因。

（2）在烧杯中加入一定量的水，滴入1～2滴酚酞，用镊子把切下的绿豆大小的钠放入烧杯中。观察钠跟水起反应的情况和溶液颜色的变化，并解释原因。

2. 焰色反应

（1）把铂丝用盐酸洗涤后在酒精灯火焰上灼烧，反复多次，直至火焰变为无色为止。然后用铂丝蘸一些碳酸钠溶液，放到酒精灯上灼烧，观察火焰颜色。

（2）再把铂丝洗净，烧热，用铂丝蘸一些氯化钾溶液，放在酒精灯上灼烧，隔着蓝色钴玻璃观察火焰颜色。

【思考题】

观察钾盐燃烧时，为什么要隔着蓝色钴玻璃观察火焰颜色？

实验四 ▶▶ 同周期、同主族元素性质的递变

【实验目的】

1. 结合所学知识了解实验方案的意义，巩固对同周期、同主族元素性质递变规律的认识。

2. 掌握常见药品的取用、液体的加热以及萃取等基本操作。

3. 能准确描述实验现象，并根据现象得出相应结论。

【实验原理】

同周期元素从左到右，金属性渐弱，非金属性渐强。同主族元素从上到下，非金属性渐弱，金属性渐强。元素金属性的强弱可以从元素的单质与水或酸溶液反应置换出氢气的难易，或由元素最高氧化物对应水化物——氢氧化物的碱性强弱来判断。元素非金属性的强弱可以从元素最高氧化物水化物的酸性强弱，或与氢化合生成气态氢化物的难易以及氢化物的稳定程度来判断，另外也可以由非金属单质是否能把其他元素从它们的化合物里置换出来加以判断。

【器材和试剂】

1. 器材：试管、小烧杯、酒精灯、胶头滴管、试卷夹、镊子、滤纸、砂纸、玻璃片、火柴（或打火机）。

2. 试剂：钠块、镁条、铝片、氯水（新制）、溴水、氯化钠溶液、溴化钠溶液、碘化钠溶液、稀盐酸（1mol/L）、酚酞试液。

【实验步骤】

1. 同周期元素性质的递变

（1）取 100mL 小烧杯，向烧杯中注入约 50mL 水，然后用镊子取绿豆大小的一块钠，用滤纸将其表面的煤油擦去，放入烧杯中，盖上玻璃片，观察现象。反应完毕后，向烧杯中滴入 2～3 滴酚酞试液，观察现象。

（2）取两支试管各注入约 5mL 的水，取一小片铝和一小段镁带，用砂纸擦去氧化膜，分别投入两支试管中。若反应缓慢，可在酒精灯上加热。反应一段时间再加入2～3滴酚酞试液，观察现象。

(3) 另取两支试管各加入2mL 1mol/L盐酸，取一小片铝和一小段镁带，用砂纸擦去氧化膜，分别投入两支试管中，观察现象。

2. 同主族元素性质的递变

(1) 在三支试管里分别加入约3mL氯化钠、溴化钠、碘化钠溶液，然后在每一支试管里分别加入新制备的氯水2mL，观察溶液颜色的变化。再各加入少量四氯化碳，振荡试管，观察四氯化碳液层的颜色。

(2) 在三支试管里分别加入约3mL氯化钠、溴化钠、碘化钠溶液，然后在每一支试管里分别加入溴水2mL，观察溶液颜色的变化。再各加入少量四氯化碳，振荡试管，观察四氯化碳液层的颜色。

【实验记录】

项目	实验操作	实验现象	实验结论
同周期元素性质的递变	钠块放入盛水的烧杯中		
	铝、镁与水的反应		
	铝、镁与盐酸的反应		

续表

项目	实验操作	实验现象	实验结论
同主族元素性质的递变	氯化钠、溴化钠、碘化钠溶液分别加入新制备的氯水，加入少量四氯化碳		
	氯化钠、溴化钠、碘化钠溶液分别加入溴水，加入少量四氯化碳		

【思考题】

1. 实验二中使用的氯水为何要新制备的？加四氯化碳试剂的目的是什么？

2. 如何设计实验证明同周期的硫、氯元素的非金属性强弱？

3. 如何设计实验证明同主族的钠、钾元素的金属性强弱？

实验五 ▶▶ 配制一定物质的量浓度的溶液

【实验目的】

1. 练习容量瓶的使用和腐蚀性药品的称量。

2. 初步学会配制一定物质的量浓度溶液的方法，加深对物质的量浓度概念的理解。

【器材和试剂】

1. 器材：托盘天平、烧杯、量筒、玻璃棒、250mL 容量瓶、胶头滴管、药匙。

2. 试剂：浓盐酸、NaOH（固体）。

【实验原理】

容量瓶是配制准确浓度溶液和稀释溶液的仪器。容量瓶是细颈、梨形的平底玻璃瓶，瓶口配有磨口玻璃塞或塑料塞。容量瓶上标有温度和容积，表示在所指温度下，液体的凹液面与容量瓶颈部的刻度相切时，溶液体积恰好与瓶上标注的体积相等（图 1）。常用的容量瓶有 100mL、250mL、1000mL 等多种。

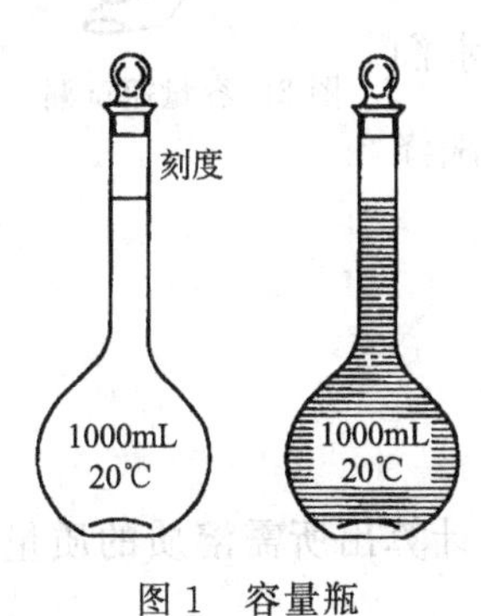

图 1 容量瓶

容量瓶瓶塞须用结实的细绳或橡胶圈系在瓶颈上，以防止损坏或丢失。

1. 容量瓶的准备

(1) 试漏

容量瓶在使用前，首先要检查是否完好，瓶口处是否漏水，检查方法如下：

往瓶内加入一定量水，塞好瓶塞。用食指摁住瓶塞，另一只手托住瓶底，把瓶倒立过来，观察瓶塞周围是否有水漏出（图 2）。

图 2　容量瓶试漏

如果不漏水，将瓶直立并将瓶塞旋转 180°后塞紧，仍把瓶倒立过来，再检查是否漏水。经检查不漏水的容量瓶才能使用。

（2）洗涤

容量瓶使用前必须洗涤干净。先用自来水认真洗涤，然后用蒸馏水润洗 2～3 次，要求内壁不挂水珠。洗涤时应遵循“少量多次”的原则。

2. 溶液的配制

（1）计算

根据所需溶液的浓度和体积，计算出所需溶质的质量或浓溶液的体积。

（2）溶解或稀释

使用容量瓶配制溶液时，如果是固体试剂，应将称好的试剂先放在烧杯里用适量的蒸馏水溶解；如果是液体试剂，应将所需体积的液体先移入烧杯中，加入适量蒸馏水稀释。

注意：在溶解或稀释时如有明显的热量变化，就必须待溶液的温度恢复到室温后才能向容量瓶中转移。

（3）转移

用玻棒将溶解或稀释后得到的溶液转移到容量瓶中。

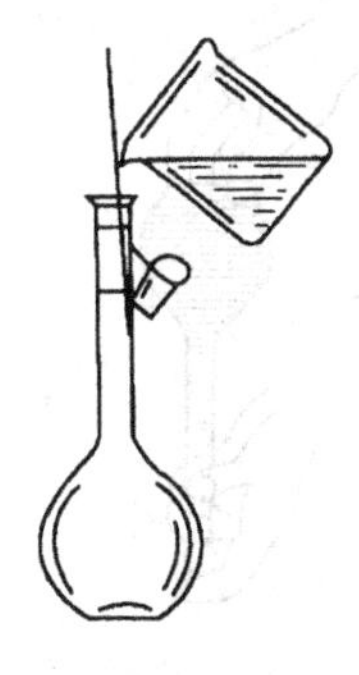
图 3 移液

玻棒应尽可能保持在烧杯或容量瓶内，玻棒尖端贴紧容量瓶内壁，使溶液沿玻棒缓缓流入容量瓶内（图 3）。当烧杯内溶液全部转移结束后，慢慢扶正烧杯，同时使杯嘴沿玻棒上移 1～2cm，避免烧杯与玻棒间的溶液流到烧杯外。

（4）洗涤

用少量蒸馏水洗涤杯壁和玻棒 2～3 次，每次的洗涤液均按转移时的同样操作移入容量瓶内。

（5）定容

转移完毕，向容量瓶中缓慢地注入蒸馏水，当溶液达到容量瓶容积的 2/3 时，将容量瓶沿水平方向摇晃，初步使溶液混匀。当注入的蒸馏水到标线以下 2～3 cm 处时，改用胶头滴管滴加蒸馏水至溶液弯液面正好与标线相切（小心操作，切勿超过刻度）。

（6）摇匀

盖好瓶塞，用食指压住瓶塞，另一只手的手指托住容量瓶底部，倒转容量瓶，使瓶内气泡上升到顶部，边倒转边摇动（图 4）。如此反复多次，直到溶液混合均匀。

容量瓶是量器，不是容器，不宜长期存放溶液。若溶液需长期使用，应将溶液转移到试剂瓶中。

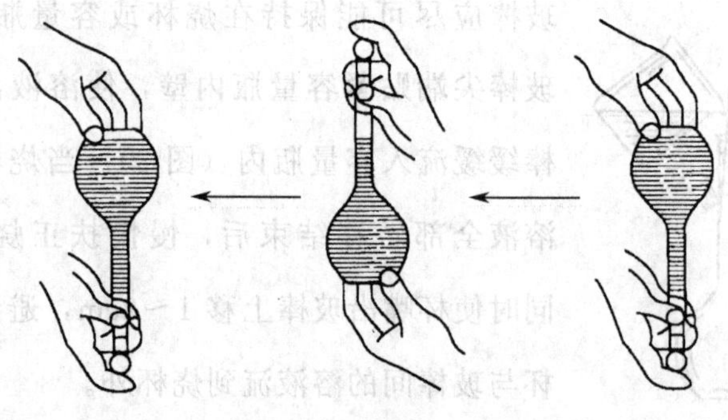

图4　摇匀

【实验步骤】

1. 配制 250mL 0.1mol/L 盐酸

① 容量瓶的准备：对容量瓶试漏，检查合格后洗涤。

② 计算溶质的量：根据浓盐酸密度（1.19g/cm^3）、溶质的质量分数（37.5%），计算出配制 250mL 0.1mol/L 盐酸需浓盐酸的体积。

③ 用量筒量取浓盐酸：用量筒量取所需的浓盐酸，沿玻璃棒倒入烧杯中。然后向烧杯中加入少量水（约 30mL），用玻璃棒慢慢搅动，使其混合均匀并冷却。

④ 配制溶液：把已冷却的盐酸沿玻璃棒转移至容量瓶，按照实验原理中所述的步骤配制溶液。这样得到的溶液就是 0.1mol/L 盐酸。

2. 配制 250mL0.1mol/L 的氢氧化钠溶液

① 计算溶质的量：计算出配制 250mL 0.1mol/L 的氢氧化钠溶液所需氢氧化钠的质量。

② 称量氢氧化钠：在托盘天平上，先称量一干燥而洁净的烧杯的质量。然后将氢氧化钠放入烧杯，再称出它们的总质量。从总质量减去烧杯的质量便是所需的氢氧化钠的质量。

③ 配制溶液：往烧杯中加入 30mL 水，用玻璃棒搅动，使其溶解并冷却，然后按照配制盐酸的方法配成 250mL 的 0.1mol/L 的氢氧化钠溶液。

注意：实验结束后，把上面配成的溶液倒入指定的容器里。

【思考题】

1. 在使用容量瓶配制溶液时，为什么必须要等溶液的温度恢复到室温后再将溶液转移到容量瓶中？

2. 将烧杯里的溶液转移到容量瓶中以后，为什么要用蒸馏水洗涤烧杯 2～3 次，并将洗涤液也全部转移到容量瓶中？

3. 在用容量瓶配制溶液时，如果加水超过了刻度线，倒出一些溶液，再重新加水到标线。这种做法对吗？为什么？

实验六 ▶▶ 化学反应速率和化学平衡

【实验目的】

1. 加深浓度、温度、催化剂对化学反应速率影响的理解。

2. 加深浓度、温度对化学平衡影响的理解。

【器材和试剂】

1. 器材：烧杯（100mL）、试管、试管架、量筒、玻璃棒、洗瓶、胶头滴管、温度计、秒表、酒精灯、二氧化氮平衡球。

2. 试剂：0.2mol/L $Na_2S_2O_3$溶液、2mol/L H_2SO_4溶液、5% H_2O_2溶液、MnO_2粉末、0.1mol/L $FeCl_3$溶液、0.1mol/L KSCN 溶液。

【实验原理】

在一定温度条件下，增加反应物的浓度，可以加快反应速率；当其他条件不变时，温度的升高可以加快化学反应速率；加入合适的催化剂也能改变化学反应速率。

【实验步骤】

1. 浓度对化学反应速率的影响

取三支试管，参照下表从左到右的顺序，将各物质分别依次加到试管里，并准确地记录试管里溶液出现浑浊所需的时间（从加入第一滴硫酸时开始计时，试管后面放一张带字的纸，到溶液出现浑浊使试管后面的字迹看不见时停止计时）。

试管号	0.2mol/L $Na_2S_2O_3$ /mL	H_2O /mL	2mol/L H_2SO_4 /滴	出现浑浊所需时间 /s
1	5	5	5	
2	7	3	5	
3	10	0	5	

2. 温度对化学反应速率的影响

在三支试管里各加入 $Na_2S_2O_3$ 溶液 5mL。室温下，在第一支装有 5mL $Na_2S_2O_3$溶液的试管里加入 5 滴 2mol/L H_2SO_4溶液，用研究浓度对化学反应速率的影响的实验方法记录试管里溶液出现浑浊所需时间。再把另两支试管分别放在温水和沸水浴中加热，用同样的方法记录出现浑浊所需时间。

试管号	0.2mol/L $Na_2S_2O_3$ /mL	2mol/L H_2SO_4 /滴	温度/℃	出现浑浊所需时间 /s
1	5	5	室温	
2	5	5	温水	
3	5	5	沸水	

3. 催化剂对化学反应速率的影响

过氧化氢的分解反应方程式为：

$$2H_2O_2 \xlongequal{MnO_2} 2H_2O + O_2\uparrow$$

比较 3% H_2O_2溶液分解速率：①室温不加 MnO_2，观察是否有气泡产生。②室温加入少量 MnO_2粉末后，再观察是否有气泡产生，用带火星的木条检验产生的气体。

【思考题】

1. 在做浓度、温度对化学反应速率影响的实验时，为什么溶液的总体积必须保持相等？

2. 化学平衡在什么情况下发生移动？如何判断平衡移动的方向？

3. 催化剂对化学平衡没有影响，但在实际生产中却常常使用催化剂，为什么？

实验七 ▶▶ 非金属元素及其化合物性质

【实验目的】

1. 掌握 SO_4^{2-}、NH_4^+ 和 PO_4^{3-} 的检验方法。

2. 理解浓 H_2SO_4 和浓 HNO_3 的强氧化性。

【器材和试剂】

1. 器材：试管、试管架、试管夹、量筒、酒精灯、烧杯、镊子、角匙、蓝色石蕊试纸、红色石蕊试纸。

2. 试剂：0.1mol/L NaCl 溶液、0.1mol/L Na_2CO_3 溶液、0.1mol/L $AgNO_3$ 溶液、0.1mol/L Na_2SO_4 溶液、0.1mol/L $BaCl_2$ 溶液、2mol/L NaOH 溶液、0.5mol/L HNO_3 溶液、2mol/L HNO_3 溶液、0.5mol/L HCl 溶液、2mol/L HCl 溶液、NH_4Cl（固体）、（$(NH_4)_2SO_4$（固

体)、NH_4NO_3（固体)、浓硫酸、浓硝酸、铜片、品红溶液、氨水（新制)、0.1mol/L H_3PO_4 溶液、0.1mol/L NaH_2PO_4溶液、钼酸铵溶液。

【实验内容和步骤】

1. 浓硫酸的氧化性

取一根试管，向里面加入 2mL 浓硫酸，再加入一小块铜片，加热试管（试管口不要对着人），观察到铜片在浓硫酸中逐渐________，并有______色刺激性气味的放出。再将湿润的蓝色石蕊试纸放在管口上方（试纸不要与管口直接接触），片刻后试纸变为______色。反应开始后停止加热。

化学反应方程式为________________。

当溶液稍冷后，将试管里的溶液倒入盛有 20mL 水的烧杯中，观察到溶液变为______色，这是因为有______生成。

实验结论：浓硫酸具有______性。

2. 硫酸根离子的检验

取 2 支试管，分别加入 2mL 0.1mol/L Na_2SO_4溶液和 0.1mol/L Na_2CO_3溶液，然后各滴加 0.1mol/L $BaCl_2$溶液，两支试管中都有______沉淀生成，沉淀分别是______和______。

化学反应方程式为________________。

然后再在2支试管里，各滴加0.5mol/L HCl溶液，其中一支试管中的沉淀先消失，这是因为______溶于稀硝酸，反应的化学方程式为______________。

实验结论：______不溶于稀硝酸，此性质可以作为______盐的化学鉴别。

3. 硝酸的氧化性

取2支试管，分别加入1mL浓硝酸和1mL 2mol/L稀硝酸溶液，再各加入一小块铜片。观察到铜片逐渐______，其中一支试管中有________刺激性气体放出，颜色为______，另一支试管中有______色刺激性气味放出，但是在管口处该气体很快变为______色。若不明显可微热。

浓硝酸和铜反应的方程式为______________。

稀硝酸和铜反应的方程式为______________。

实验结论：浓、稀硝酸都具有______性。

4. 铵根离子的检验

取少量的NH_4Cl（固体）、$(NH_4)_2SO_4$（固体），NH_4NO_3（固体），分别加入3支试管中，再各加入3mL 2mol/L NaOH溶液。加热试管，管中有一种______色、______性气味的气体放出。用镊子夹一小块湿润的红色石蕊试纸，置于管口上方，试纸变为______色______色，该气体的化学名称叫______，化学式是______。

反应的化学方程式为________________。

实验结论：任何铵盐和碱反应都会有______产生，此性质可用在鉴别____________上。

5. 磷酸根离子的检验

取 2 支试管，分别注入 2mL 0.1mol/L H_3PO_4 和 0.1mol/L NaH_2PO_4 溶液，再各加入 2mL 钼酸铵溶液和 1～2滴浓硝酸酸化，振荡，温热后可以观察到__________。将试管中溶液倒出，向试管中残留的沉淀上滴加氨水，可以观察到______________。

【思考题】

1. 浓硫酸有哪些性质？如何稀释浓硫酸？

2. 有 3 瓶因久置失去标签的浓酸试剂，已知分别是浓盐酸、浓硫酸和浓硝酸，请你用一种试剂将它们鉴别出来。

实验八 ▶▶ 钙、铝及其化合物性质

【实验目的】

1. 了解钙的焰色反应。

2. 掌握铝及其他化合物的两性性质。

【器材和试剂】

1. 器材：试管、试管架、试管夹、酒精灯、烧杯、

镊子、量筒、角匙、蓝色钴玻璃、末端带有小圆圈的镍铬丝。

2. 试剂：浓盐酸、$CaCl_2$ 溶液、铝片、2mol/L HCl 溶液、30% NaOH 溶液、0.5mol/L $Al_2(SO_4)_3$ 溶液、2mol/L NaOH 溶液。

【实验步骤】

1. Ca（或 Ca^{2+}）的焰色反应

取末端带有小圆圈的镍铬丝一根，将带有小圆圈的一端浸入浓盐酸中，取出后在酒精灯的外焰中灼烧。如此反复多次，至火焰不再带有杂质所呈现的颜色为止。然后用清洗过的镍铬丝蘸取饱和 $CaCl_2$ 溶液在酒精灯外焰中灼烧图 1，透过蓝色钴玻璃观察到的火焰的焰色为__________。

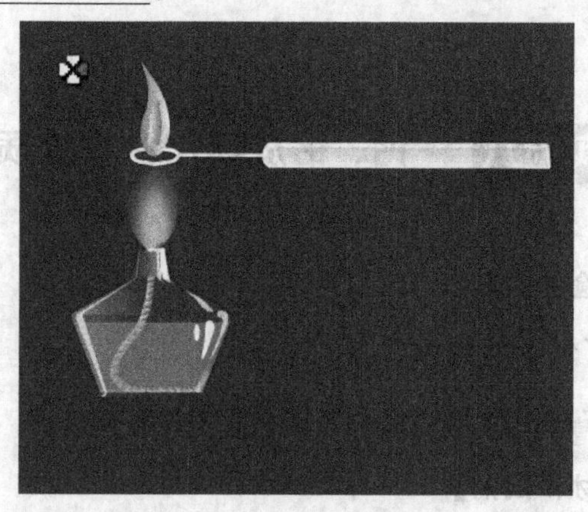

图 1　钙的焰色反应

2. 铝的两性

在一支试管中加入 2mL 2mol/L HCl 溶液，再加入少量用砂纸磨光的铝片。

实验现象为________________。

反应方程式为______________。

实验结论：________________。

在另一支试管中加入少量用砂纸磨光的铝片，再加入 2mL 30%NaOH 溶液。

实验现象为________________。

反应方程式为______________。

实验结论：________________。

3. 氢氧化铝的生成及两性

(1) 在试管中加入 5mL 0.5mol/L $Al_2(SO_4)_3$ 溶液，再滴加 2mol/L NaOH 溶液至白色沉淀生成为止。反应的化学方程式为________________。

(2) 取上述沉淀分装在两支试管中。一支试管中滴加 2mol/L NaOH 溶液，实验现象为________________，化学方程式为________________；另一支试管中，滴加 2mol/L HCl 溶液，实验现象为________________；化学方程式为________________；

实验结论：________________。

【思考题】

铝及其氧化物、氢氧化物有什么特性？为什么可用铝制品储存冷的浓硫酸？

实验九 ▶▶ 乙烯的制取和性质

【实验目的】

1. 进一步加深对烯烃化学性质的认识。

2. 学会检验烯烃的方法。

【器材和试剂】

1. 器材：圆底烧瓶、温度计、酒精灯、导管、敞口瓶、水槽、铁架台等。

2. 试剂：乙醇、浓硫酸、3%溴的四氯化碳溶液、0.5%高锰酸钾溶液，NaOH 溶液、溴水（3%）、稀硫酸（1∶4）。

【实验步骤】

1. 乙烯的制取

按图 1 所示安装好实验装置。烧瓶里注入乙醇和浓硫酸（体积比 1∶3）的混合液约 20mL，并放几片碎瓷片（防止混合液在受热时暴沸冲出烧瓶）。加热，使液体温度迅速上升至 170℃。可以看到生成的乙烯逐渐将集气瓶中的水排出。

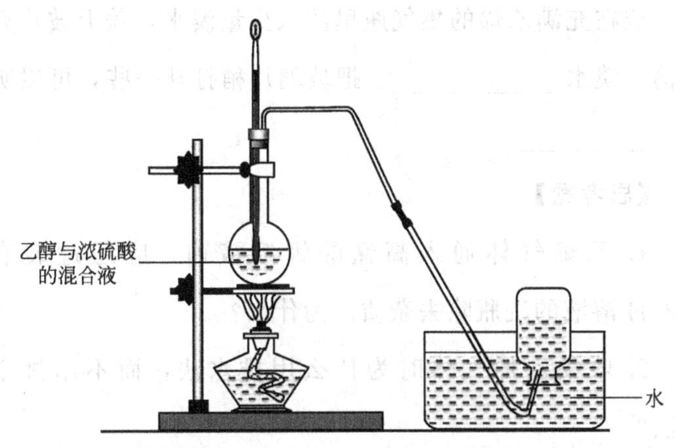

图 1　乙烯的实验室制法装置图

2. 乙烯的化学性质

（1）氧化反应

点燃纯净的乙烯。观察乙烯燃烧时的现象。

我们可以看到，乙烯在空气里燃烧，火焰________并伴有________。

使乙烯气体经过装有 NaOH 溶液的洗气瓶后通入盛有高锰酸钾溶液（加入几滴稀硫酸）的试管里，观察溶液颜色的变化。可以看到____________，表明乙烯能被高锰酸钾氧化。这个反应说明乙烯的化学性质比甲烷活泼。用这一反应可以区别甲烷和乙烯。

（2）加成反应

将乙烯通入溴水或溴的四氯化碳溶液中，可以看到，溴水或溴的四氯化碳溶液的红棕色很快____________。

或在充满乙烯的集气瓶里注入少量溴水，盖上玻片后振荡，溴水__________。把玻璃片稍打开一些，可以听到__________。

【思考题】

1. 乙烯气体通入高锰酸钾溶液前，应通过装有 NaOH 溶液的洗瓶除去杂质。为什么？

2. 收集乙烯气体时为什么用排水法，而不用排空气法？

实验十 ▶▶ 乙醇、苯酚和乙醛的性质

【实验目的】

1. 加深对乙醇、苯酚、乙醛重要性质的认识。

2. 掌握乙醇、苯酚、乙醛的鉴别方法。

【器材和试剂】

1. 器材：试管、小刀、镊子、酒精灯、试管夹、量筒、滴管、烧杯。

2. 试剂：无水乙醇、金属钠、铜丝、0.5mol/L $CuSO_4$溶液、1mol/L NaOH 溶液、甘油、pH 试纸。苯酚晶体、苯酚稀溶液、5% 的 NaOH、饱和溴水、3% $FeCl_3$溶液。2% $AgNO_3$溶液、2%稀氨水、乙醛、丙酮、10% NaOH 溶液、2% $CuSO_4$溶液。

【实验步骤】

1. 乙醇的性质

（1）与活泼金属的反应

在一支干燥的试管中，加入 5mL 无水乙醇，投入一粒绿豆大小的金属钠，观察现象是__________。向试管里滴入约 10 滴蒸馏水，用 pH 试纸检验其酸碱性为__________。化学方程式为__________。

（2）氧化反应

在试管里加入 2mL 无水乙醇。将一束弯成螺旋状的细铜丝放在酒精灯上加热，使铜丝表面生成一层黑色的氧化铜，然后立即把它插入上述试管中。这样反复操作几次，可闻________的气味，加热变黑的铜丝表面又变为________色。

2. 苯酚的性质

（1）苯酚的酸性

向盛有少量苯酚晶体的试管中，加入 2mL 蒸馏水，振荡，现象为________。再往试管中逐滴加入 5％的 NaOH 溶液，振荡，现象为__________。化学方程式为__________。

（2）苯与溴水的反应

向盛有少量苯酚溶液的试管中，逐滴滴加饱和溴水，现象为________。反应方程式为__________。

（3）与三氯化铁的显色反应

向盛有少量苯酚溶液的试管中，逐滴滴入几滴 $FeCl_3$ 溶液，观察溶液由________色变为________。

3. 乙醛的还原性

（1）银镜反应

取 1 支干净的试管，加入 2mL $AgNO_3$ 溶液，然后边逐滴加入稀氨水，边振荡试管，直到最初生成的沉淀恰好溶解为止，得到的溶液叫作银氨溶液（托伦试剂），其主要成分是________。

另取 2 支试管，将上述银氨溶液分成 2 份，再分别加入 3 滴乙醛和丙酮，振荡后把试管放入热水浴里加热，过一会儿，观察现象为________。

（2）费林反应

向 2 支分别盛有 2mL NaOH 溶液的试管中，分别滴入 4 滴 $CuSO_4$ 溶液，振荡；然后分别加入 0.5mL 的乙醛和丙酮，在沸水浴中加热 2min。现象为________。

实验十一 ▶▶ 糖类的性质

【实验目的】

巩固对葡萄糖、蔗糖、淀粉性质的认识。

【器材和试剂】

1. 器材：试管、试管夹、烧杯、滴管、酒精灯、火柴。

2. 试剂：2% $AgNO_3$溶液、2%氨水、10%葡萄糖溶液、2%蔗糖溶液、10%NaOH 溶液、5%$CuSO_4$溶液、稀硫酸、稀碘酒溶液、马铃薯。

【实验步骤】

1. 葡萄糖的还原性

① 在一支洁净的试管里，加入 1mL 2% $AgNO_3$ 溶液，然后一边摇动试管，一边逐滴滴入 2%氨水，直到析出的沉淀恰好溶解为止。然后在此试管中加入 1～2mL 10%葡萄糖溶液，充分混合后，放在热水浴中加热数分钟，取出试管，观察现象，并解释原因。

② 在一支试管里，加入 2～3mL NaOH 溶液，再加入几滴 $CuSO_4$ 溶液，振荡，观察现象。再向试管中加入 2mL 10%葡萄糖溶液，加热，观察现象，并解释原因。

2. 蔗糖的水解

① 在一支试管里，加入 2～3mL NaOH 溶液，再加入几滴 $CuSO_4$溶液，振荡，再加入约 2mL 蔗糖溶液，加热，观察现象，并解释原因。

② 在洁净的试管里加入少量蔗糖溶液，再加入 3～5 滴稀硫酸，然后把混合液煮沸几分钟，使蔗糖发生水解反应。最后加入 NaOH 溶液来中和剩余的 H_2SO_4。

③ 在另一支试管里制备 $Cu(OH)_2$沉淀，再将已经水解的蔗糖溶液逐滴加入该试管中，边加边振荡试管。加热后，观察现象，并解释原因。

3. 食物中淀粉的检验

用小刀切一片马铃薯，在上面滴2滴稀碘酒溶液。观察现象，并解释原因。

【思考题】

银镜反应实验时，为什么要用水浴加热而不能直接用火焰加热？

实验十二 ▶▶ 蛋白质的性质

【实验目的】

通过实验巩固对蛋白质性质的认识。

【器材和试剂】

1. 器材：试管、试管夹、酒精灯、火柴。

2. 试剂：鸡蛋白的水溶液、$(NH_4)_2SO_4$饱和溶液、10%$CuSO_4$溶液、甲醛溶液、浓硝酸。

【实验步骤】

1. 蛋白质的盐析

在试管里加入1～2mL鸡蛋白的水溶液，然后加入少量$(NH_4)_2SO_4$饱和溶液，观察现象，并解释原因。把少量沉淀倾入另一支盛有蒸馏水的试管里，观察现象，并解释原因。

2. 蛋白质的变性

(1) 在试管里加入 2mL 鸡蛋白的水溶液，加热，观察现象。再向试管里加一定量的蒸馏水，观察现象，并解释原因。

(2) 在试管里加入 3mL 鸡蛋白的水溶液，然后加入 1mL10%$CuSO_4$溶液，观察现象，并解释原因。

再向试管里加一定量的蒸馏水，观察现象，并解释原因。

(3) 在试管里加入 1mL 鸡蛋白的水溶液，然后加入 1mL 甲醛溶液，观察现象。再向试管里加一定量的蒸馏水，观察现象，并解释原因。

3. 蛋白质的颜色反应

在试管里加入少量鸡蛋白的水溶液，然后滴入几滴浓硝酸，微热，观察现象，并解释原因。

【思考题】

在鸡蛋白的水溶液里分别加入 $(NH_4)_2SO_4$饱和溶液和 $CuSO_4$溶液，都会产生固体物质，两者有什么不同？

附录一 部分酸、碱和盐的溶解性表（20℃）

阴离子 / 阳离子	OH^-	NO_3^-	Cl^-	SO_4^{2-}	CO_3^{2-}
H^+		溶、挥	溶、挥	溶	溶、挥
NH_4^+	溶、挥	溶	溶	溶	溶
K^+	溶	溶	溶	溶	溶
Na^+	溶	溶	溶	溶	溶
Ba^{2+}	溶	溶	溶	不	不
Ca^{2+}	微	溶	溶	微	不
Mg^{2+}	不	溶	溶	溶	微
Al^{3+}	不	溶	溶	溶	—
Mn^{2+}	不	溶	溶	溶	不
Zn^{2+}	不	溶	溶	溶	不
Fe^{2+}	不	溶	溶	溶	不
Fe^{3+}	不	溶	溶	溶	不
Pb^{2+}	不	溶	微	不	不
Cu^{2+}	不	溶	溶	溶	不
Ag^+	—	溶	不	微	不

说明：“溶”表示那种物质可溶于水，“不”表示不溶于水，“微”表示微溶于水，“挥”表示挥发性，“—”表示那种物质不存在或遇到水就分解了。

附录二　化学上常用的量及其法定计量单位

量的名称	量的符号	单位名称	单位符号	与SI基本单位的换算关系	常用倍数单位选择
长度	l	米	m	SI基本单位	dm、cm、mm、μm、nm
质量	m	千克	kg	SI基本单位	g、mg
时间	t	秒	s	SI基本单位	ms
		分	min	非SI基本单位 1min＝60s	
		[小]时	h	非SI基本单位 1h＝3600s	
热力学温度	T	开[尔文]	K	SI基本单位	
摄氏温度	t	摄氏度	℃	具有专门名称的SI导出单位 t/℃ ＝T/K－273.15	
体积	V	立方米	m^3	SI导出单位	dm^3、cm^3、mm^3
		升	L	非SI单位 $1L=10^{-3}m^3$	mL、μL
物质的量	n	摩[尔]	mol	SI基本单位	mmol
摩尔质量	M	克每摩[尔]	g/mol	SI导出单位	
摩尔体积	V_m	升每摩[尔]	L/mol	组合单位	
物质的量浓度	c_B	摩[尔]每升	mol/L	组合单位	mmol/L
质量浓度	ρ_B	克每升	g/L	组合单位	mg/L
		克每立方分米	g/dm^3	SI导出单位	mg/dm^3

参考文献

［1］ 刘尧．化学．北京：高等教育出版社，2003.

［2］ 游文章．基础化学．北京：化学工业出版社，2010.

［3］ 霍子莹，李海鹰．化学基础．北京：化学工业出版社，2008.

［4］ 李建成，曹大森．基础应用化学．北京：机械工业出版社，2000.

［5］ 陈艳．无机化学基础．北京：化学工业出版社，2005.

［6］ 沈萍．有机化学实验．北京：中国地质大学出版社，2005.

［7］《实用化学》编写组．实用化学．苏州：苏州大学出版社，2003.

［8］ 孙怡．基础化学．北京：科学出版社，2008.